中国地质大学(武汉)研究生课程与精品教材建设基金资助
国家自然科学基金面上项目(41672155、41972325、52475497)资助

特种钻探工艺与装备

TEZHONG ZUANTAN GONGYI YU ZHUANGBEI

文国军　柏　伟　王玉丹　韩光超
吴　川　吴来杰　罗　强　周治刚　编著

内容简介

本书重点讲述特种钻探领域中的先进工艺与装备研发及应用等。主要内容包括激光钻探、微波钻探、声波钻探、超声波钻探、热熔钻探以及地外天体钻探等。

本书特色是非常注重理论与实践的结合,使读者掌握特种钻探的概念,熟悉特种钻探的理论、技术、工艺与装备,对激光钻探技术、微波钻探技术、声波钻探技术、超声波钻探技术、热熔钻探技术、地外天体钻探技术及其装备有系统的认识;同时,掌握特种钻探的内涵与外延,能运用本书相关知识对特种钻探理论与工艺进行研究,开展特种钻探装备的开发,并提出新型特种钻探技术。

本书可作为普通本科院校机械工程、地质工程等专业研究生与本科生的相关专业课程教材,也可供从事特种钻探工艺与装备研究及开发的工程技术人员参考。

图书在版编目(CIP)数据

特种钻探工艺与装备/文国军等编著. —武汉:中国地质大学出版社,2024.8. —ISBN 978-7-5625-5950-4

Ⅰ.P634

中国国家版本馆 CIP 数据核字第 2024UP2187 号

特种钻探工艺与装备	文国军 柏 伟 王玉丹 韩光超 吴 川 吴来杰 罗 强 周治刚	编著

责任编辑:杨 念	选题策划:徐蕾蕾	责任校对:宋巧娥

出版发行:中国地质大学出版社(武汉市洪山区鲁磨路388号)	邮编:430074
电 话:(027)67883511 传 真:(027)67883580	E-mail:cbb@cug.edu.cn
经 销:全国新华书店	http://cugp.cug.edu.cn

开本:787毫米×1092毫米 1/16	字数:188千字	印张:7.5
版次:2024年8月第1版	印次:2024年8月第1次印刷	
印刷:武汉中远印务有限公司		
ISBN 978-7-5625-5950-4		定价:35.00元

如有印装质量问题请与印刷厂联系调换

前　言

随着钻探技术应用领域的不断拓展,常规机械回转等钻进方法在钻进工艺、钻进效率、能效指数及智能化、环保等方面已无法满足工程要求,业界一直在探索新的钻进方式和技术,近几十年来,在声、光、电等科学与技术飞速进步的推动作用下,激光钻探、微波钻探、声波钻探、超声波钻探、热熔钻探等新型特种钻探工艺与装备不断涌现,展现出显著的优势和良好的应用前景。

但是,国内外有关特种钻探工艺的教材中,尚无任何一本教材对激光钻探工艺与装备、微波钻探工艺与装备、声波及超声波钻探工艺与装备、热熔钻探工艺与装备及地外天体钻探技术等先进的特种钻进工艺与装备进行系统的阐述。在特种钻探工艺方面,国内外出版的教材虽然比较多,但是近年新编或更新的版本并不多见,最近的《特种钻探工艺学》为刘广志、汤凤林教授编著(2005年出版),其所述的特种钻探主要是在当时情况下有别于常规地质岩心钻探领域内的特种钻探(主要内容包括地热资源钻探、冻土地质构造下的钻探、海洋油气钻探、地质矿产金刚石受控定向钻探、大陆地层深部科学钻探等),并未涉及新的特种钻探工艺与装备。

本教材是在参考国内外大量参考资料的基础之上,充分结合编著者们多年来的教学与科研及实际工程经验,主要内容均来自编著人员的教学科研和工程应用成果,具有前沿性、新颖性、自主性等特点,使学生能掌握特种钻探的概念,熟悉特种钻探的理论、技术、工艺与装备,对激光钻探技术、微波钻探技术、声波钻探技术、超声波钻探技术、热熔钻探技术及地外天体钻探技术有系统的认知。

本教材内容编排合理,循序渐进,涵盖了必要的基础知识和新知识。既注重理论研究,又充分结合了工程实际应用,重点突出,内容丰富,结构严谨,具有系统性、一致性和可扩展性。

本教材编撰单位包括中国地质大学(武汉)、无锡金帆钻凿设备股份有限公司、长江岩土工程有限公司。全书由中国地质大学(武汉)文国军统筹编撰,中国地质大学(武汉)柏伟主要编撰地外天体钻探部分,中国地质大学(武汉)王玉丹主要编撰激光钻探部分,中国地质大学(武汉)韩光超主要编撰声波钻探及超声波钻探部分,中国地质大学(武汉)吴川主要编撰微波钻探部分,中国地质大学(武汉)吴来杰主要编撰热熔钻探部分,无锡金帆钻凿设备股份有限公司罗强主要参与编撰声波钻探部分,长江岩土工程有限公司周治刚主要参与编撰绪论及相关工程应用试验部分。

本教材参考了大量的中外文文献,大多已在参考文献中已明确列出,但还有少量未一一标出,在此一并表示感谢。

由于编著者水平有限,书中难免有不足之处,敬请读者批评指正。

编著者
2024年6月

目 录

1 绪 论 ·· (1)
   1.1 钻探工艺与装备发展简史 ··· (1)
   1.2 特种钻探工艺与装备研究现状 ··· (2)

2 激光钻探 ·· (12)
   2.1 激光钻探基本原理 ·· (12)
   2.2 激光钻探装备及组成部分 ·· (14)
   2.3 激光破岩机理 ·· (22)
   2.4 激光钻探工艺 ·· (25)
   2.5 激光钻探应用 ·· (29)

3 微波钻探 ·· (32)
   3.1 微波钻探基本原理 ·· (32)
   3.2 微波钻探装备及组成部分 ·· (33)
   3.3 微波破岩机理 ·· (34)
   3.4 微波钻探工艺 ·· (37)
   3.5 微波钻探应用 ·· (39)

4 声波钻探 ·· (41)
   4.1 声波钻探基本原理 ·· (41)
   4.2 声波钻探装备及组成部分 ·· (43)
   4.3 声波钻进机理 ·· (46)
   4.4 声波钻探工艺 ·· (47)
   4.5 声波钻探应用 ·· (49)

5 超声波钻探 ·· (54)
   5.1 超声波钻探基本原理 ·· (54)
   5.2 超声波钻探装备及组成部分 ··· (56)
   5.3 超声波破岩机理 ··· (59)
   5.4 超声波钻探工艺 ··· (61)
   5.5 超声波钻探应用 ··· (64)

6 热熔钻探 ·· (67)
   6.1 热熔钻探基本原理 ·· (67)
   6.2 热熔钻探装备及组成部分 ·· (69)

6.3　热熔钻进机理 …………………………………………………………（75）
　　6.4　热熔钻进工艺 …………………………………………………………（79）
　　6.5　热熔钻探应用 …………………………………………………………（82）
7　地外天体钻探 …………………………………………………………………（86）
　　7.1　地外天体钻探特征 ……………………………………………………（86）
　　7.2　月壤/星壤钻探 ………………………………………………………（88）
　　7.3　月岩/星岩钻探 ………………………………………………………（94）
　　7.4　地外天体钻探壤岩/钻具交互机理 …………………………………（101）
　　7.5　地外天体钻探技术与应用 ……………………………………………（108）
主要参考文献 ……………………………………………………………………（109）

1 绪 论

1.1 钻探工艺与装备发展简史

自四五千年前我们的祖先在中原地区掘进挖井以来,钻探工艺或方法与装备都不断地得到改进和发展,在现代钻探发展历史进程中,随着冶金工业、机械制造和电子工业等科学技术的发展,先后出现了冲击钻进、回转钻进、振动钻进、螺旋钻进、声波钻进等钻进工艺与方法,并生产制造了相应机械式、液压式、电动直驱式等各类型钻探装备。然而,随着钻探技术应用领域的不断拓展,其工艺和装备已无法有效满足实际需求。近几十年来,在声、光、电等科学与技术飞速进步的推动作用下,激光钻探、超声波钻探、热熔钻探等新型特种钻探工艺与装备的研究取得了明显的进展,即将从实验室走向实际应用,具有良好的发展前景。

1.1.1 世界钻探工艺与装备发展简况

根据《川盐纪要》记载,我国早在秦代就开始利用钻探技术凿井取盐,后来钻探技术传入欧美,近代,钻探技术在欧美发展迅速。

早期的钻探是由人力驱动的简单冲击钻进,经过长期不断的演变、发展,逐步出现了具有机动力驱动的各种冲击钻进工艺和装备,它作为唯一的钻探方法和机械,在世界上一直沿用了相当长的历史时期。这种钻进方法和机械具有许多缺点,如钻进效率低、无法取出完整的岩心、只能钻垂直孔、钻孔过程中不能及时排出岩屑等。随着社会生产的不断发展,冲击钻进已逐渐不能适应社会需求。19世纪中期以后,出现了回转钻进工艺和装备。回转钻进工艺和装备由于钻进效率高,可取出完整岩心,可钻进各种倾角的钻孔,有利于多种钻探工艺和方法的使用等,因此迅速在钻探领域中占据了主导地位。20世纪90年代后,随着钻探技术服务领域的不断扩大,又出现了多种钻进工艺及其配套装备,如冲抓钻机、轮铣钻机、旋挖钻机、声波钻机、螺旋钻机等。

1.1.2 我国钻探装备发展简况

1949年以前,我国没有自己制造的钻探装备。1949年以后才逐步建起自己的钻探机械制造业。其发展大概可分为以下6个阶段。

第一阶段,1950—1959年,创业阶段。该阶段主要是创建钻探设备生产工厂,组建设计队伍,引进和仿制钻探机械与工具。

第二阶段,1960—1965年,由仿制到自行研制阶段。该阶段已初步形成自己的设计队伍,设计研制出一批钻探设备及工具。

第三阶段,1976—1986年,快速发展阶段。我国自行研制生产出多种类型且数量大的钻机,尤其是立轴式岩心钻机,可以说是遍地开花,在我国的地质找矿事业中发挥了巨大的作用。

第四阶段,1986—2010年,稳定发展阶段。随着地质探矿任务的减少,各种基础工程市场大量增加,为适应市场经济的要求,相关系统相应调整和规划了钻机的品种与生产数量,而且产品质量有较大提高。岩心钻机的数量减少,工程钻机的数量大大增加。部分钻机已开始向国外销售。

第五阶段,2010—2020年,电驱自动化研制阶段。采用电动顶驱替代液压顶驱,利用现代计算机技术,紧密结合钻井工艺,简化司钻房的仪器仪表数量及机械结构,使钻机实现全数字自动化控制。人机工程学的设计在确保人员及设备安全的同时,显著提高了钻井的工作效率。

第六阶段,2020年至未来,特种钻探工艺装备推广应用阶段。21世纪以来,我国相关科学与技术得到迅猛发展,声波钻探、超声波钻探、激光钻探、热熔钻探、微波钻探等新型特种钻探工艺与装备的相关研究都取得了实质性的进步,已具备了推广应用的潜力。

1.2 特种钻探工艺与装备研究现状

由于常规机械回转钻进方法在面对复杂多变的地层时一直存在诸多难以克服的技术瓶颈,其钻进工艺、钻进效率、能效指数及智能化、环保化等方面远远不能满足工程要求,业界一直在探索新的钻进方式和技术,对激光钻探、微波钻探、声波钻探、超声波钻探、热熔钻探等特种钻探工艺与装备展开了不同程度的研究。

1.2.1 激光钻探

激光钻探技术的提出始于20世纪70年代,美国、法国、荷兰当时就出现了激光钻探和射孔的相关文献,但由于当时激光器本身性能的发展滞后,其功率低、难于聚焦、成本较高,限制了激光钻探技术的发展。直到90年代末,随着激光器本身性能的极大提高,美国才重新开始激光钻探技术的研究,探索将激光技术应用于石油工业的气井钻完井的可行性。2000年,美国国家能源技术实验室(美国阿贡国家实验室)、美国天然气工艺研究院及其合作单位正式启动了新一轮激光钻探计划,把高能激光油气钻井技术的研究列入美国石油天然气勘探开发重大战略支撑技术的长期发展计划。后来,俄罗斯、日本、加拿大等国也开展了相关的学术研究。2002年,科罗拉多矿业大学Ramona Graves教授率先利用中红外化学激光器和高功率二极管成功破坏了坚硬的岩石,但是该技术在远距离传输方面具有非常明显的欠缺,无法进行实际应用研究。直至2008年,美国IPG公司研制成功的10kW光纤激光器,解决了高功率激光的远距离传输问题,才使国内外科研人员重新对激光钻探充满了信心,为激光钻探技术的实际应用开启了深入研究的大门。国内也有少数科研院所对激光钻探技术进行了研究和探索,通过理论和试验探讨了激光-气体-机械联合钻井与激光激励汽化射流辅助钻井方法的可行性。

虽然每个国家的研究方向各有侧重点,但概括起来主要集中在常规油气地面垂直钻井最基本的钻井科学问题方面。比如,岩石破碎机理、强激光的传输与微型化、多相流岩屑运移、激光钻探工艺、激光钻具研制、钻井安全与环境保护等。研究最多的是岩石破碎机理和强激光的传输与微型化两个方面,尤其是在岩石破碎机理方面,已对砂岩、页岩、花岗岩、大理岩、煤岩等多种岩石类型的物性参数变化、井壁强度特性、安全性等方面进行了相关研究,取得了一些研究成果,为后续的研究奠定了基础。

近年来,光纤激光性能的大幅提升加速了其实际应用,光纤激光已逐步应用于工业材料处理等商业用途,成为固体激光和二氧化碳激光的有力竞争者。大量实验结论表明,与前期军事工业激光数据进行对比,光纤激光的功率可从几瓦级到几十千瓦级,足以通过光纤钻凿灰岩和砂岩等多种岩石。美国20kW光纤激光器成功通过了1.5km的传输破岩测试,而国产光纤激光器的功率也在稳步上升,现在已达到了100kW。2007年以前,我国光纤激光器长期依赖美国进口,但自2011年以来,武汉锐科光纤激光技术股份有限公司连续创造了多个国内行业第一,2016年研制成功我国首台10kW连续光纤激光器,2018年研制成功我国首台20kW连续光纤激光器,2019年推出了当时国内最高功率的30kW光纤激光器,2022年研制成功了100kW光纤激光器,使我国成为全球第二个掌握万瓦级光纤激光器核心技术的国家,打破了发达国家的垄断,受到了国家和业界的高度关注,也为我国高功率光纤激光钻进提供了光源保障。

在激光钻探设备与应用方面,以室内外试验设备为主。比如,2017年,德国海瑞克钻机设备有限公司、IPG公司等多家研究机构合作,开发了激光(万瓦级功率)喷射复合钻井技术,并建立了等比例的实验样机。2012年,中国石油化工集团有限公司项目"气体激光钻井前瞻性研究",设计并搭建了激光辅助破岩系统,完成了万瓦级激光射孔室内模拟试验装置的研制,并进行了系统的激光射孔室内模拟试验。2013年以来,中国地质大学(武汉)结合激光切割机开展了激光钻进煤岩、页岩等系列试验,并设计了相应的激光导向钻进专用钻具,后来又与武汉锐科光纤激光技术股份有限公司建立了合作关系,利用其4~6kW的民用光纤激光器进行系列激光钻进试验。2018年,西南石油大学和中国工程物理研究院激光聚变研究中心共同成立了激光-机械破岩联合实验室,开展了千瓦激光穿过空气、清水、膨润土溶液的衰减试验,搭建了千瓦级激光与机械联合破岩实验装置。2019年,中国石油天然气集团有限公司项目"激光与机械联合破岩方法研究",研制万瓦级激光机械钻头并进行台架实验,探索破岩机理,进行了国内首个井下激光器的设计。2020年,中国地质大学(武汉)在"双一流"学科建设经费和湖北省重点研发项目的支持下,研制成功首台结合六自由度机械手的万瓦连续光纤激光器试验装备,定制了专用激光加工头,开发了满足钻探需求的控制系统,并配备了红外测温仪、气体检测仪等检测设备,为后续激光钻探工艺与装备研发积累了经验。现又与具备高功率激光加工头定制能力的上海嘉强自动化技术有限公司、深圳创鑫激光股份有限公司建立了深入的联系与合作关系,正与其共同探讨合作研制30~100kW高功率大光斑长焦距光纤激光加工头的可行性方案。

1.2.2 微波钻探

微波波长较激光更长(频率范围为 300MHz～300GHz),加热岩石使得岩石力学性能发生变化,更加易于破碎,因此逐渐成为研究重点。20 世纪 20 年代就有学者发现了微波的存在并应用于雷达系统中,随后微波技术不断发展,涵盖了广泛的应用领域。20 世纪就开展过微波的应用研究,限于当时微波源的发展,一般是在低频微波波段进行研究,如石油钻井废弃物微波处理应用研究。在地质钻探领域,微波也被用于辅助钻探。Hassani 等(2011)、Meisels 等(2015)发现通过微波辐射可以降低岩石的强度。Yang 等(2022)进行了微波处理玄武岩的数值模拟及相关实验,实验结果为微波处理岩石切削或钻孔性能的数值研究等后续研究奠定了基础,研究表明微波辅助破岩可以降低刀具的磨损,提高刀具的使用寿命。在过去几十年中,由于大功率微波源技术已经得到了巨大发展,因此考虑将大功率微波钻探技术应用于实际的钻井实验中。

有关团队探索了微波诱导硬岩压裂技术,针对地下工程中微波辅助机械破岩与岩体应力释放两大工程,研制了一种开放式微波诱导硬岩压裂装置(图 1-1)。在此基础上,提出了硬岩微波诱导地下压裂和微波诱导钻孔压裂两种模式。该装置可用于破碎大尺寸岩石样品和工程规模的岩体。首先利用磁控管以连续波的形式输出工作频率为 2.45GHz 的微波,通过微波传输装置实现微波能量的长距离、低损耗传输,实现微波对岩体的加热,团队发现对不同处理时间的玄武岩样品均有较好的压裂效果(图 1-2)。团队对玄武岩样品破碎强度、岩石烧蚀速度、微波功率分布等都进行了较为完整的理论和实验分析,为研究更高功率、更高频率的微波岩石钻探提供支持。接下来,相关研究团队将进行新的研究,致力于微波诱导硬岩压裂技术的工程化应用。

图 1-1 一种刮刀钻头,包括微波天线区域

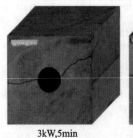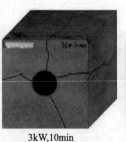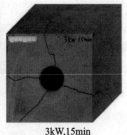

3kW,5min　　3kW,10min　　3kW,15min

图 1-2 不同处理时间对玄武岩样品的影响

1.2.3 声波钻探

声波钻进(sonic drilling)又称回转声波钻进或振动钻进,实质上是一种达到声波振动频率的振动钻进与回转钻进的组合钻进技术。声波钻进技术理论诞生于 20 世纪初,1930 年罗

马尼亚工程师 Ion Basgan 首次提出将声波钻进技术应用到传统钻机的理念。1948 年美国研制了一种被称为"声钻"的孔底振动器,目的是提高钻进速度,但由于其振动能量过高,孔底部件损坏而未能成功。与此同时苏联也研制了"VIRO-DRILLING"系统,该钻进系统是一套地面振动器,依靠振动作用钻进土层,钻进效率相比常规回转提高 3~20 倍,但同样也因巨大的振动能量会使钻进设备和钻具失效而未能得到应用。20 世纪 60 年代,美国壳牌石油公司制造出大功率的地面振动器,用于套管起拔、油井修复等石油井服务工作,另外还用于高速打桩。20 世纪 70 年代人们开始研究小功率振动器,较小振动功率(100HP[①])振动器研制成功后,首先在北极地区结冰的湖底湿黏土和砂岩中用于施工 50m 左右的石油和天然气地震勘探孔,随后用于砂金矿的连续取样,取得了非常好的效果。

20 世纪 80 年代以后,人们越来越重视环境保护,尤其是在环境钻探工作十分活跃的美国,由于声波钻进速度快、岩心样品保真度高、钻进过程不会产生二次污染,因此声波钻进逐渐成为进行环境钻探的重要手段。早期声波钻机的振动头没有专门化,所使用的钻头是已有的标准钻具,而不是专用钻具,因此其可靠性较差,钻具常因高频振动而损坏。20 世纪 90 年代以后,经过一系列改进和多方面的应用试验,声波钻进技术日益成熟,并且出现了许多声波钻进设备制造商,如美国的 Versa-Drill 国际公司、Acker Drill 公司、Gus Pech 制造公司,加拿大的 Sonic Drill 公司,日本的东亚利根公司,德国的蒂森克虏伯公司等(图 1-3)。同时也出现了许多声波钻进施工的承包商,如美国的 Boart Longyear 公司环境钻探部、Bowser-Morner 公司、Prosonic 公司,加拿大的 Sonic Drilling 公司等。除美国外,声波钻进技术还在加拿大、荷兰、圭亚那、澳大利亚、非洲和亚洲等国家和地区得到应用,其应用范围包括地质勘探、水文水井钻进、滑坡勘察与治理、地震爆破孔施工等几乎所有的钻探领域。

(a) 东亚利根SD150声波钻机　　(b) 德国蒂森克虏伯VD100声波动力头

图 1-3　外国公司生产的声波钻机和动力头

在我国,由于声波高频振动头技术的局限,声波钻进技术的应用起步较晚,目前国内声波钻进技术的研究和应用尚处于起步阶段。在借鉴发达国家经验的基础上,一些科研机构及公司开展了声波钻机的研发,如中国煤炭地质总局第二勘探局(简称第二勘探局)与中国地质大学(北京)、中国地质大学(武汉)与无锡金帆钻凿设备股份有限公司(简称无锡金帆)以及无锡钻通工程机械有限公司(简称无锡钻通)均联合研发了声波钻机及配套钻具,并在生产企业的

---

① HP 是功率单位,马力。1HP=0.735kW。

例行监测、工业企业退役场地调查、矿山尾矿库调查、冻土取心和垃圾填埋场调查等土壤环境调查领域进行了应用。

无锡金帆于2012年引进日本东亚利根公司的声波动力头技术,制造出国内第一台YGL-S100型声波钻机。2015年,无锡金帆与德国工业巨头蒂森克虏伯公司签订合作生产协议,开始合作生产大型声波动力头。YGL-S200型、YGL-S50型声波钻机先后问世,国产声波钻机形成系列化、批量生产(图1-4)。与国外成熟的声波钻进技术相比,国内在声波动力头振动、减振以及轴承冷却装置等方面尚存在较大差距。

(a) YCL-S50型声波钻机　　(b) YGL-S100型声波钻机　　(c) YGL-S200型声波钻机

图1-4　无锡金帆生产的声波钻机

1.2.4　超声波钻探

超声波钻探是目前国际上公认的新一代高效钻进技术,是利用高频振动力、回转力和压力三者结合在一起使钻头切入土层或软岩,加深钻孔,进行钻探或其他钻孔工程的一种新型钻探技术方法。

超声波钻探器是1998年由美国喷气推进实验室(jet propulsion laboratory,JPL)首次提出的,主要作为地外天体探测的钻探平台被广泛研究。JPL开发了多种构型和功能的超声波钻探器,并对其性能进行了不断优化。俄罗斯等国家的学者在超声波钻探器的性能提升和非线性动力学分析方面也做了大量的工作。同时,超声波钻探器也吸引着国内学者对其进行深入研究。

JPL以低功耗和环境适应性强为设计目标,开发出了第一代直驱式超声波钻探器(ultrasonic core driller,UTCD)。与传统钻机相比,它具有低功耗、低钻压力和耐高低温的突出优点。但是UTCD由于钻进速度较慢,在JPL后续的研究中被较少提及。为了进一步提高UTCD的钻进速度,在压电换能器与钻杆之间引入自由质量块,研制出了冲击式超声波钻探器(ultrasonic sonic drilling coring,USDC)。自由质量块将压电换能器传递的20kHz超声频振动转换为60～1000Hz声波的组合,激励钻杆钻进岩石内部。整个钻进过程中孔的形状保持完整,通过改变钻头的形状可以得到不同的钻孔形状,这一独特的孔型保持能力也是其优于传统钻机之处。自由质量块的引入使得超声波钻探器的钻进速度得到大幅提升,这也使USDC成为超声波钻探器广泛研究和应用的原型。

虽然 USDC 的钻进速度得到了提升，但是存在排屑困难的问题。随着钻孔深度增加，产生的钻屑很难及时排除，这将对钻进稳定性和深度取心造成不利影响。为了获取火星、木卫二星、土卫二星地表冰层以下一定深度的样品，JPL 在 USDC 的基础上又开发了 Ice-Gopher 冲击式超声波钻探器和 Auto-Gopher-Ⅰ、Auto-Gopher-Ⅱ回转冲击式超声波钻探器，在冰面的钻进深度可达 30m。Auto-Gopher 系列在实验测试中深度取心性能表现突出，但其电磁电机驱动回转的方式增加了装置的复杂性，这对降低探测器载荷质量是不利的。由此，JPL 探索了利用单压电陶瓷叠堆驱动变幅杆前端既实现冲击又实现回转以简化 Auto-Gopher 系列的结构，并研制了一套 Single Piezo-actuator Rotary-Hammering Drill(SPaRH)原理样机。

20 世纪末，英国阿伯丁大学的 Wiercigroch 等对超声波钻进进行了一系列研究。他们通过建立超声波加工过程中的非线性振动模型，利用非线性动力学方法研究了脆性材料在超声波钻进下材料去除率(MMR)的变化规律，并通过数值解析模型分析了超声波钻进机理及影响材料去除率大小的因素。随后，为确定超声波钻进提高钻速与降低钻压的程度，又在实验室条件下对不同岩样进行了超声波辅助钻进试验。

英国格拉斯哥大学的研究人员也进行了直驱式、冲击式和回转冲击式 3 种超声波钻探器类型的研究。2008 年，该大学的研究人员提出在阶梯型纵振压电换能器上通过切斜槽方式增加扭转振动以提高直驱式超声波钻探器的钻进速度，并研制了两种压电换能器：一种是在变幅杆大径端切斜槽实现纵扭模态耦合，另一种是在变幅杆小径端切螺旋槽实现纵扭模态退化。由于这两种压电换能器与钻杆紧密连接，相比 JPL 研制的 SPaRH 改善了钻杆纵扭运动不连续的缺点，但是仍然存在扭振能量双向传递的问题，从而造成换能器额外的温升和疲劳。为克服这一问题，2009 年格拉斯哥大学的研究人员提出在压电换能器的变幅杆前端周向加工三层径向斜槽孔洞的方案，通过控制斜槽孔洞的孔柱分布方向有效克服了扭振的双方向传递问题，使振动能量集中在变幅杆前端。2010 年，在对冲击式超声波钻探器的改进研究中，借助 ANSYS 软件探讨了压电换能器的中空结构和自由质量块的数量对取心速率的影响，发现使用阶梯型实心压电换能器的取心效果优于狗骨型空心换能器，布置单一自由质量块时可以获得理想的有效冲量。2011 年，研制了一种由电磁电机激励钻杆回转的超声波钻探器，钻杆与电磁电机同轴布置并通过花键连接。2018 年，开发了第三种由电磁电机激励的超声波钻探器(ultrasonic planetary core drill, UPCD)，钻杆与电机平行布置并通过齿轮机构连接，最优钻速达到 6.2mm/min。

俄罗斯比斯克超声技术中心研制的超声波钻探器以直驱式为主。2012 年，为了提升脆性和硬质材料的钻进取心自主性，依据钻杆的类型该中心研究人员先后提出了被动型和主动型两种直驱式超声波钻探器。2013 年，与俄罗斯科学院空间研究所合作研制了面向月壤取心的直驱式超声波钻探器，重点研究了钻头的端面振幅和摩擦温升对钻进取心过程的影响。

德国帕德博恩大学的研究人员主要针对冲击式超声波钻探器做了动力学建模和结构参数优化的研究。2006 年，帕德博恩大学的研究人员提出一种基于自适应细分技术面向集合的数值方法用于求解不规律或混沌系统周期解。由于传统圆盘形的自由质量块在碰撞运动时严重晃动，无法对测试的自由质量块接触信号进行有效分析，2007 年，帕德博恩大学的研究人员研制了一种由 8mm 直径钢珠代替圆盘形自由质量块的冲击式超声波钻探器。

面向未来在火星上实现次表层样品取心任务，英国 Magna Parva 公司和欧洲航天局（简称欧空局）于 2006—2009 年合作开发了一套直驱式超声波钻探器（breadboard ultrasonic drill tools，BB UDTs）和一套回转冲击式超声波钻探器（engineering model ultrasonic drill tools，EM UDTs）。

国内关于超声波钻探器的研究主要集中在高等院校，以冲击式和回转冲击式的钻探器研究为主。2008 年，南京航空航天大学的郭俊杰等率先开展了超声波钻探器的研究，基于岩石破碎机理提出了一种新型的冲击式超声波钻探器。2012 年，哈尔滨工业大学与中国空间技术研究院合作开展了基于超声波钻探器面向地外天体钻探采样的研究。针对超声波钻探器的作动方式优化和钻进速度提升做了大量工作。2015 年，中国地质大学（北京）的梁彩红等提出了采用解耦的方式将钻探器的动力学分析简化为集中力对连续柱激励共振响应求解的新方法。2016 年，太原理工大学的毕亚兰等借助仿真和实验方法获得了自由质量块质量和活动空间对超声波钻探器钻速的影响。2017 年，全齐全等提出了两种由单压电陶瓷叠堆两端的纵振能量分别驱动钻具做冲击运动与回转运动的超声波钻探器（rotary percussive ultrasonic drills，RPUD）。2020 年，哈尔滨工业大学的杨正研制了适应温度 −150~50℃ 的单晶压电陶瓷驱动的冲击式超声波钻探器并进行了高低温试验。

超声波钻探器的研究虽然在国内已经兴起多年，但其实验研究仍处于模拟空间验证阶段，提升钻速和探究空间适应性仍然是未来需要深入研究的方向。

1.2.5 热熔钻探

在 20 世纪初，由于极地考察和冰川学研究的需要，冰层取心钻探成为极地研究最重要且有效的手段之一，在几十年的极地开发研究中，各国专家尝试了多种冰层取心钻探方法，其中除了电缆机械取心钻进方法外，还创造并应用了一种新的岩石破碎理论研究成果——热熔碎岩法。其中，美国加利福尼亚大学的 LASA 实验室早在 20 世纪六七十年代就已开始研究热熔钻进工艺，其后日本、苏联等国家也开始了相关研究，特别是苏联由于极地钻探的需要研究较为深入，其热熔钻进研究水平当时处于世界领先地位。俄罗斯的热熔钻进研究主要成果包括：开发了一系列的热熔法冰钻取心钻具，并成功用于南极冰层钻进；圣彼得堡矿业学院采用新型耐热合成材料做成的热熔钻头，温度可达 2500℃，且不需使用惰性保护气体，已在砂岩中完成了 118m 深钻孔的模拟试验；热熔法钻进直径 80mm、深度 140mm 以上的钻孔需 7~10kW 电能，而且除了传统的钻探设备（钻机、水泵）外，所需的设备很少，这种工艺方法已经获得了美国和俄罗斯专利；成功开发了用于南极冰层热熔取心钻进的低温冲洗液（护壁液）和复杂地层热熔钻进时固孔所需的易熔胶结材料。

冰作为一类特殊的岩石，熔点低，从固态到液态的相变过程中所需的能量较少，这是采用热熔法进行冰层取心钻进的重要原因。在南极考察的勘探过程中，该方法不断地被完善，尤其在中深孔钻进中，克服了机械法碎岩的弊病（主要表现在机械钻速快，冰屑过多不易排除，易造成孔内事故等），显示出很大的优越性。俄罗斯的钻探专家在南极应用热熔取心钻具，取得了举世瞩目的成就，在冰层的钻进孔深上两次创造了吉尼斯世界纪录，于 1995 年打出了世界上最深的冰层钻孔（达 3001m）。美国在阿尔卑斯山的考古和冰川学研究中也采用了热熔法钻进。在热熔钻探技术发展初期,利用热能破碎(熔化)冰层,主要有以下两种方法。

(1)利用气体或液态流体的喷射流来熔化冰层,气体、液体的温度高于冰的熔化温度。美国、俄罗斯等国专家使用该方法在冰层钻进了近500m。在钻进中,由于熔化冰层和提出孔底熔化时形成的水,所需能量较大,所以没有广泛推广。

(2)将钻头加热,使钻头成为特殊的加热器,加热器直接和冰接触,融化冰层。这种方法利用加热器下端不断形成的水来完成加热器-冰层之间的热传递。其热源可以是电能、化学反应能、水蒸气等。这种热熔法在极地冰层钻进得到广泛应用。为加热钻头,通常是利用电缆将电能输送到孔底,而电缆本身经过特殊制作,还可承受较大的钻具载荷,电缆可以取代钻杆来升降钻具。所以称之为电缆热熔法取心钻进。

各国的钻探专家在极地多年的实地研究中,开发出了多种热熔取心钻具,在使用中各有优劣,但一般都是由以下5个部分或系统组成。

(1)环状加热器、岩心管。环状加热器内密封有电阻丝。环状加热器和3副岩心切断器构成热熔钻头,其上部接岩心管,为减少提、下钻时间,岩心管一般设置得较长。

(2)提水系统。由于用热来融化冰层,钻进过程中孔底不断形成水,若不及时排除,就有可能将钻具冰结在孔内。故在钻具内设一提水泵(离心泵或真空泵),将钻进过程中产生的水通过专门的管路提到钻具中,在专门的容器中贮存起来,待回次结束后提到地表排除。

(3)电路系统。输送到钻具的电能一部分送到热熔钻头,一部分送到提水泵,还要送到提水管路和贮水仓中,防止水在其内冻结。钻具内各电路系统相互独立,防止因一部分出现故障造成短路和其他意外事故。在孔较深时,还可考虑使用变压器,采用高电压送电,以减少长距离电缆输电的能量损失。

(4)测量系统。在钻具的上部设置钻压和孔斜的测量装置,电讯号通过电缆在钻进过程中传到地表,便于研判和调节钻进规程参数。

(5)电缆接头。为减少起、下钻具时间,简化钻具结构,减少材料用量,在钻具上部接铠装电缆(电缆外包金属丝网),可承担钻具全部质量,与钻具连接部分设有专门的电缆接头,下接3个独立的电路系统。电缆接头内还设置了弹簧作为缓冲装置。

从目前看,俄罗斯、美国、法国与日本4个国家在南极开发研究中钻探技术水平较高,表1-1为这些国家研制的热熔取心钻具的一些基本性能参数。

我国热熔钻进方法与技术的研究始于20世纪90年代,相对国外起步较晚,先后有吉林大学等单位开展过有关实验室研究方面的工作,在土体温度场分布规律、冰川取心钻探工具研究等方面取得了不少成果。中国地质大学(武汉)以"211"工程项目为依托,建立了热熔钻进技术实验室,可开展热熔钻进技术多方面综合研究,包括热熔钻进的原理及技术方法,在松软及松散等复杂地层条件下的无套管钻进技术、热熔钻进技术在地质工程领域的应用等。

热熔法钻进作为一种新型的钻进技术,起源于极地冰层钻探和海湖沉积钻探,具有一些特有的优点,如不需要复杂的机械设备,钻进方法对各种地层普遍适用,在钻进过程中岩石被熔化使孔壁加固而不必使用套管,应用方便而不污染环境等,因此其应用范围正在不断地扩展,尤其是在破碎坍塌地层和含鹅卵石漂石地层钻进,以及第四纪沉积地层的管线工程等。在上述应用领域,热熔钻进技术还处于理论研究和试验探索阶段,人们对热熔钻进法的相关

表 1-1　4 个国家的热熔取心钻具的基本性能参数

参数		俄罗斯 ЭТВ-3	美国 CRREL-MK	法国 SN PS-140	日本 JARE-160
钻具长度/mm		2500	4600	8200	3300
钻具质量/kg		60	80	170	50
环状加热器	外径/内径/mm	108/84	162/124	135/104	168/134
	长度/mm	60	51	—	70
加热元件	功率/kW	1.0～4.0	0.625	3.2	1.5
	电压/V	380	215	115	200
	数量/个	1	18	1	2
岩心尺寸	直径/mm	75～80	122	102	132
	长度/mm	2300	1500	2800	1500
孔底面积/cm²		36	90	72	90
单位面积功率/(W·cm^{-2})		110	36	44	33

理论研究还比较粗浅,要进行推广应用还需要解决一系列的技术问题,尤其是要重点研究热熔作用机理、热熔钻头材料与结构、热熔钻进效率影响因素、固孔用易熔胶结材料等,有关热熔钻进的工艺方法与钻具材料还需要在实践中进行探索。

1.2.6　地外天体钻探

地外天体钻探工艺与装备研究在探索太阳系其他天体以及深空探测中具有重要意义。这项研究旨在开发适应不同天体环境的钻探技术和装备,以获取地外天体的地质、物理和化学信息,为深入了解宇宙的起源和演化提供关键支持。然而,人类对地外天体的了解仍然有限,采样探索是加深这种了解的最有力途径。地外天体探测作为衡量一个国家综合国力和科技水平的重要标志,已成为世界航天强国的战略重点。近年来出现了对月球、火星和小行星的各种探索计划,推动钻探技术与装备的创新发展,为地外天体的科学研究和探索提供了有力支持。

自 20 世纪后期以来,地外天体钻探技术取得了显著的进展,然而也面临一系列的挑战与问题。1999 年,美国国家航空航天局(NASA)的火星探测任务探路者成功在火星表面部署了索杰纳号巡视车,首次实现了外星行星的钻探。2004 年,"机遇号"和"精神号"火星车成功登陆火星,长期的探索和钻探活动为人类提供了火星地质和气候的重要数据。然而,2005 年,欧洲航天局(ESA)的火星快车任务中,尽管成功将"小猎犬 2 号"着陆器送往火星,但失去了联系,未能实现钻探目标,凸显了通信技术在地外天体钻探中的重要性。在太阳系其他行星表面进行钻探时,钻探装备与地球之间的通信变得更加复杂。传输延迟和信号弱化是地外钻探任务中需要克服的难题。同时,行星、卫星和小行星的表面环境与地球迥异,如极端的温度、尘土和辐射,这就要求开发适应性强的钻探设备。2012 年,NASA 的"好奇号"火星车成功在火星表面进行了深层钻探,揭示了潜在有利于生命存在的环境。2014 年,ESA 的罗塞塔任务将菲莱探测器送往彗星 67P/楚留莫夫上,尽管在着陆时遇到问题,仍然成功进行了有限的钻探。然而,采样难是中期遇到的问题之一。在异质性和复杂的地外天体地表采集样本,如火星上的岩石、月球上的土壤,对钻探技术的精确性和采样效率提出了更高要求。此外,动力与能源问题也需考虑,因为行星表面的能源来源可能不稳定,需要新的能源解决方案。随着技术的演进和问题的逐步解决,地外天体钻探将继续为我们揭示太阳系其他行星、卫星和小行星的奥秘,扩展我们对宇宙的深入了解。这些努力不仅有助于科学的发展,也反映了人类对探索未知的持续热情与勇气。

各国在地外天体钻探领域的研究方向可能存在一些差异,但总体而言,它们都集中在解决一系列关键的科学问题上。这些问题包括行星的形成过程、生命存在的可能性、地质演化、内部结构、太阳风和磁场的影响、气候以及大气成分等。为了解决这些问题,科学家们提出了多种创新的方法来穿透地外天体的风化层,以采集样本或放置科学仪器。这些方法包括钻孔、挖掘、冲击穿透、抓取、投射、研磨和气驱动等。在这些方法的基础上,各种穿透器被发明出来,它们在揭示隐藏在风化层下的科学信息方面发挥着重要作用。这些研究成果不仅有助于深化我们对宇宙和地球的认识,也为地外天体钻探领域的科学发展提供了重要支持。通过国际合作和持续不断的技术创新,地外天体钻探将继续推动科学的前沿。

进入 21 世纪后,地外天体钻探取得了显著的进展。2019 年,中国成功地将"嫦娥四号"探测器送往月球背面的南极-艾特肯盆地,实现了人类历史上首次在月球背面的着陆。这一任务包括了"玉兔二号"月球车和多个科学载荷,如低频射电望远镜,用于研究宇宙射线和星系的观测,以及用于植物生长实验的生物学载荷。2020 年,NASA 和 ESA 联合计划了火星样本返回任务,旨在从火星表面采集样本并将其带回地球进行详细研究。这项任务涉及多个阶段的协同合作,包括火星采样器的发射、样本的采集和储存,以及样本返回舱的返回。随后,在 2021 年,NASA 的"毅力号"火星车成功降落在火星表面,开展了一系列任务,其中最重要的是从火星表面采集样本并将其保存在火星上,以备将来可能的样本返回任务。这项任务涵盖了复杂的钻探和采样操作,并搭载多个科学仪器,用于深入研究火星的地质、气候以及生命存在可能性。

随着技术的不断进步,未来的地外天体钻探任务可能会更加注重深层钻探,以获取更多关于行星内部结构、构成和演化过程的信息。深层钻探可以揭示太阳系其他行星和卫星的内部机制与演变过程,从而更好地理解行星形成和地质活动。样本返回任务将成为未来的重要目标。通过将地外天体样本带回地球,科学家可以在地球上的实验室环境中进行更详细和精确的研究。这将提供更多关于行星、卫星和小行星的成分、结构与起源的信息,进一步加深我们对太阳系的认知。地外天体钻探任务的复杂性和成本将推动国际合作。各国在资源、知识和技术方面的共享将有助于共同实现更宏大的目标,如深空探索、行星保护和生命迹象探测。国际合作不仅加速科学发现,也促进全球范围内的科学交流和合作。

2 激光钻探

机械回转钻进是现代地质钻探或油气资源开采工程中的常规钻进方式,但在面对复杂多变的地层时一直存在诸多难以克服的技术瓶颈,在钻进工艺、钻进效率、能效指数及智能化、环保化等方面远远不能满足工程要求,业界一直在寻找新的钻进方式和技术。

激光作为 20 世纪的重大发明,被称为"最快的刀",在工业、生物医学等领域都发挥着重要的作用。激光加工以高精度、高效率、低成本等优势,作为逐渐完善的新兴技术得到了日益广泛的应用,现已应用于切割、焊接、钻孔、打标等工业制造领域。激光在金属、陶瓷等材料上进行切割、钻孔都已有很成熟的应用。

随着高功率激光技术的发展,激光用于钻探工程具备了初步的基础条件。激光钻进的初步设想始于 20 世纪 70 年代,但囿于高功率激光器的昂贵成本,直到 1997 年才在美国开始第一轮实质性研究,研究初步证明了激光钻进的可行性和巨大优势。其后中国、俄罗斯、伊朗、沙特、德国、日本等国学者也纷纷开展激光钻进的研究,学界已一致认同激光钻进拥有成为下一代钻进方式的巨大潜力。

2.1 激光钻探基本原理

激光从本质上讲,就是把能量转换成光子,光子经过聚焦成为强光束。利用激光束高能量密度、准直性、单色性及相干性好等特点,将高能激光束聚焦于岩石表面,激光束能量被岩石吸收后,沉积于岩石局部并转化成热量,光斑辐照区域的岩石在短时间内温度急剧升高。在局部高温作用下岩石发生弱化、碎化、熔化和气化,造成岩石破碎、熔融、烧蚀等。总的来说,激光钻探就是利用激光辐照岩石的热效应,使岩石局部发生弱化或相态变化,从而实现在岩石中钻进成孔。激光钻进可以是激光单独作用于岩石,也可以是激光作为辅助破岩手段,结合其他破岩方式(如机械钻头)一起钻进。

岩石在激光辐照下会急剧升温,产生各种物理化学变化,激光钻进岩石的过程始终伴随着复杂的物理、化学反应。激光辐照岩石的热效应如图 2-1 所示。激光辐照下,岩石吸收激光能量并转换为热能,局部温度快速升高,岩石内部不同位置的升温速度不一致,由于温度梯度产生热应力,当热应力超过岩石的抗拉强度后,岩石发生破裂;在激光辐照下,岩石持续吸收热量,温度持续升高,当温度升高到熔点时,岩石开始熔化为液态;当温度达到升华点时,岩石发生气化。除了这些物理相态的变化,还有化学变化。岩石的成分复杂,其构成不是单一、纯净的化学组分,这些成分在激光辐照下会发生氧化、热解、玻璃化或焦化等化学反应。因此,岩石随温度升高,不仅发生物理状态的相变,还发生氧化、热解、烧结、焦化等化学反应,其产物最终也会变成固、液、气3种相态。

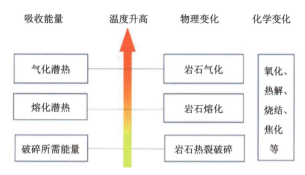

图 2-1　激光辐照岩石的热效应

由于岩石的热传导系数小,热传导性能较差,在激光与岩石相互作用的过程中,产生热效应的岩石区域仅局限于光斑附近。如图 2-2 所示,光束聚焦点附近区域的岩石升温并突破相变温度阈值发生相变过程,形成相变区。因此在相变区周围会存在受高温影响发生烧结的区域,靠近相变区域的一部分为烧结区,远离的部分为热影响区,其余部分的岩石不受激光作用影响或者影响很小。

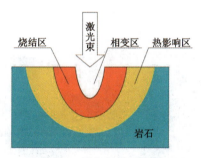

图 2-2　激光钻进示意图

激光钻探就是利用岩石在热效应下的损伤对岩石进行破坏并钻进成孔。激光破坏岩石的机制主要有应力破坏、熔融破坏和烧蚀破坏3种,分别对应着岩石损伤的3种状态,即固态、液态和气态。不同岩石的破坏机制和钻进产物排出井眼的运移机制也不一样,需要采取不同的循环介质工艺来排屑。

应力破坏通过热应力使岩石破碎剥落,或弱化岩石强度从而便于破碎岩石,这种破岩方式消耗的激光能量最低。这种破岩方式虽然对激光功率要求较低,但由于岩石剥落的不规则性,难以保证形成形状规则的井壁,仍然需要机械破岩钻具在孔底工作形成井筒,本质上是一种激光辅助破岩的方法。这种破岩方式对激光的功率密度要求最低,但对钻具在高温下的机械性能要求较高。

熔融破坏的形态必须要考虑如何快速排出熔融物,避免其在排出过程中重铸。通常可采取辅助气体的方式加速熔融物排出,这对循环介质工艺要求较高,因为随着孔深加大,循环气体在井筒空间流动时温度会发生显著变化,其携带的熔融物可能发生重铸现象,不仅影响成孔质量,而且降低钻进效率。

烧蚀破坏是岩石材料在高温作用下发生物理化学变化,其产物以气态为主。这种破坏方式消耗的激光能量最高。由于气体产物会从井眼中逸出,这种破坏方式的排屑难度低,形成的孔眼质量较高。相比熔融破坏、应力破坏,这种破坏方式能效最低。

激光钻进过程中这3种破坏形态可能都存在,但可以通过控制激光功率密度、光斑大小、照射时间等操作参数,使其中一种破坏形态占主流。到底采用何种破坏形态钻进成孔要综合考虑激光功率、岩石特性等问题。针对不同岩石材料的特性,可以考虑采用不同的热破坏形式。例如对于强度较高的硬岩,可以考虑采用应力破坏;对于强度较低且含易热解成分的软岩,采用烧蚀破坏。

2.2 激光钻探装备及组成部分

激光钻进技术尚处于实验室研究阶段,现阶段还没有成熟的激光钻探装备投入商业应用。现有的激光钻进实验多是借助于激光切割机、焊机或类似装置来进行的。

中国地质大学(武汉)于2020年建立了第一个万瓦级激光钻探实验室(图2-3),针对岩土钻探,开发了专用的激光钻探试验装备(图2-4)。该装备主要包括钻进系统(激光器和多自由度机械臂系统)、状态监测系统、辅助系统(冷水机和工作保护气系统)、集成控制系统等。

图 2-3 激光钻进实验装置

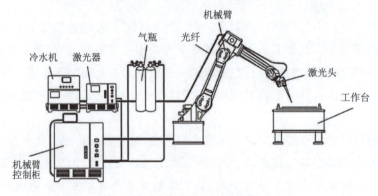

图 2-4 激光钻进试验装备

激光器系统负责将电能转化为光能,激光器发射出来的激光通过光纤传输到激光头,激光头将光束进行准直聚焦,发出具有高能量密度的激光束用于灼烧岩石。多自由度机械臂系统主要用于搭载激光头运动,使激光头准确快速地运动到起钻位置,或按设计轨迹完成钻进任务。冷水机对激光器和激光头内部进行冷却,运用循环纯净水带走工作过程中产生的大量热量,保护设备。工作保护气系统分别能释放空气和其他循环气体。空气用于保护激光头中的光学镜片,通过向激光头出光口处通匀速流动的空气,使激光头外侧压强减小,能有效防止烟尘进入其腔体。循环气体的作用是清孔,将激光钻进的烟尘和熔融物吹出孔眼,防止熔融物或岩屑沉积在孔内重复受热,降低钻进效率。状态监测系统由红外相机、烟气分析仪和气体分析仪等组成,相机主要是监测激光灼烧处产生的温度,气体分析仪主要用来监测有毒有害气体的浓度。集成控制系统将上述所有模块通过技术整合、功能整合、数据整合、模式整合、业务整合等技术手段,将各个分离的设备集成到相互关联的、统一协调的系统之中。

2.2.1 钻进功能系统

钻进功能系统实现激光钻进功能,主要包括激光器、激光头和机械臂等。激光器将电能转化为光能,激光头将激光器发出的激光束准直聚焦,机械臂末端夹持激光头使激光按要求运动。

1. 激光器

激光器提供光源。激光器的类型很多,如气体激光器、固体激光器、液体激光器、准分子激光器、半导体激光器和光纤激光器等。在光纤激光器中,光纤作为增益介质和光的导波介质,具有很高的耦合效率。由于激光的传播受到光纤芯径长度的限制,只能在几微米到几十微米的范围内进行传输,加之光纤弯曲引起的高阶模式损耗,使得激光在光纤腔内呈现基模或低阶模特性。此外,光纤芯径小且光在纤芯全反射时功率密度高,使得激光器阈值低且光电转换效率可达40%。作为第三代激光技术成果的光纤激光器,近年快速发展,以高精度、高效率、低成本等优势在工业上得到广泛应用,使得传统制造业正式步入"光制造"时代。

光纤激光器具有光束质量好、电光转换效率高、散热特性好、结构紧凑等优点,且具备维护简便、容易通过光缆传递到井底,以及传输效率高等一系列的优势,因而是井下激光射孔破岩与钻进破岩的首选。

近年来,光纤激光器得到了非常快速的发展,其单模光纤激光器功率可以达到万瓦级。在工程中需要根据实际应用场景以及工业需求来选择光纤激光器的类型,图2-5所示的锐科激光器主要用于钻掘岩石来研究激光破碎岩石机理,钻进实验中主要面向的是常见岩石材料,通常要达到上千摄氏度高温才能烧蚀岩石,需要的激光功率较大,可选择多模态连续光纤激光器。激光器光学特性参数如表2-1所示。

图 2-5 锐科激光器

表 2-1 激光器光学特性参数表

参数	产品型号				测试条件
	C6000X	C8000X	C10000X	C12000X	
输出功率/kW	6	8	10	12	—
工作模式	连续/调制				—
波长/nm	1080±5				额定输出功率
功率不稳定性/%	±1.5				额定输出功率
调制频率/Hz	50～5000		50～2000		额定输出功率
红光输出功率/mW	0.5～1				—
光纤输出头类型	HQBH		QD		—
光束质量(BPP,mm×mrad)	<4.5		<5		额定输出功率
发散角/rad	≤0.1				额定输出功率
光纤芯径/μm	100				可定制
最大功率消耗/kW	18.5	24.5	30.5	36.5	

所有的激光控制信号都通过后面板的 INTERFACE 接口传输到系统中。在操作过程中,需确保控制线缆已经安装在激光器的 INTERFACE 接口上,并且被牢牢地固定住。INTERFACE 接口控制电缆由 5 种不同种类的电缆组成,分别是 CONTROL、POWER FEEDBACK、AD、MODULATION 和 INTERLOCK,具体特点可参看产品说明书。

2. 激光头

激光加工技术是利用激光头将激光器发出的激光聚焦成高功率密度的激光,使照射的材料迅速熔化、气化、烧蚀或达到燃点,借助高速气流吹除熔融物质,从而将材料去除。激光头是激光钻进装备的重要组成部分,主要由光纤块、准直部分、聚焦部分、保护镜盒、本体等构成。如图 2-6 所示,激光头由 4 个基本单元组成,即光纤接口模块组件(AM 组件)、准直聚焦模块组件(BM 组件)、保护镜模块组件(WM 组件)和气刀模块组件(KM 组件),它们共同构成了激光头的完整结构。

AM 组件:将光纤导入激光头,实现光纤位置的调整。常见的光纤插入接口有 QBH 接口、QD 接口。

BM 组件:包括准直模块和聚焦模块。准直模块是将出自光纤的发散光收敛起来,将其拉直或准直。聚焦模块将准直后的平行光束聚焦,形成具有较强功率密度的光束。这部分组件还包括水冷和对中功能。

WM 组件:能有效地防止镜片窗口受到返渣的损害,从而大大延长镜片的使用寿命。

KM 组件:将高速惰性气流喷射钻进处,吹出岩石熔融物,防止熔融物堵住成孔,影响钻

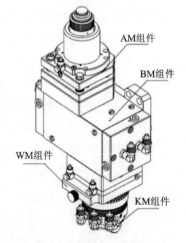

图 2-6 激光头示意图

进效率。

针对激光钻进的工作特点,激光头采用专门定制的高功率多功能激光加工头。该产品性能强、入射光束易调整,焦距长,能够防止工作过程中火焰损坏激光头,同时光斑直径小,能够提高光束功率密度。该反射式激光聚焦系统,适用于20kW内激光作业。激光头聚焦系统的反射镜能够产生衍射限制成像,可兼容多种光纤接口,准直镜和聚焦镜均可定制焦距,有多种组件选择,以对应不同加工需要。

该激光头配置光纤接口包含QD、QBH、LLK-D、LLK-B 4种类型,是与激光器光纤连接的核心连接器,提供行业标准的光纤接入口,适配不同激光器,具体技术参数见表2-2。聚焦组件模块包含镜座与聚焦镜片。

BM组件包含XY调中机构、镜座、准直铜镜等,其中铜镜自带水冷系统。WM组件中,保护镜带水冷系统,保护镜片采用抽屉式安装,更换方便;保护镜为耐压设计,能承受气体的高压冲击。

表2-2 技术参数表

序号	名称	参数值
1	接口类型	QD/QBH/LLK-D/LLK-B
2	功率等级	20kW
3	通光孔径	49.5mm
4	波长范围	900~1100nm
5	保护镜规格	50.8mm×(1.5~2)mm
6	质量	5kg左右

此外,采用了直接水冷式反射镜,镜片的使用寿命更长,最大功率可达20kW。同时还提供了双水冷结构、保护镜镜座和激光头本体,并且配备了水冷接口,以延长持续工作时间。具体水路参数如表2-3所示。

表2-3 水路参数表

序号	名称	参数值
1	冷却水管管径(外径)	6mm
2	最小流量	1.8L/min
3	入口压力	170~520kPa
4	入口温度	≥室温/>结露点
5	硬度(相对于$CaCO_3$)	<250mg/L
6	pH值范围	6~8
7	可通过微粒大小	直径小于200μm
8	功率	大于500W时开启冷却

3. 机械臂

对于激光钻进设备来说，配备的机械臂要能够承受所搭载的激光头的质量，臂展大小能满足作业空间需求。一个完整的机械臂包括机械臂本体、控制器和示教器。

六自由度串联机械臂可以胜任高精度、高速度以及高灵活性的钻进任务，该装置采用的六自由度串联机械臂如图 2-7 所示，由六轴机械臂、示教器、运动控制器、总线式 IO 模块以及伺服驱动器组成，机械臂本体如图 2-7(a)所示，其工作空间如图 2-7(b)所示。机械臂控制系统开放二次开发功能，可以使用网络命令进行开发，能够轻松实现文件读写等操作且开发难度较低，能够根据不同的环境需求灵活控制机械臂的运动。

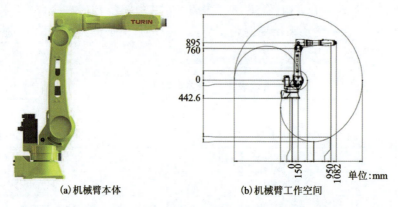

(a) 机械臂本体　　　　(b) 机械臂工作空间

图 2-7　六自由度串联机械臂本体和工作空间

该机械臂负载可达 20kg，臂展 1721mm，重复定位精度±0.05mm，具体参数如表 2-4 所示。

表 2-4　机械臂参数表

序号	名称	参数值
1	型号	TKB2670
2	手腕负载	20kg
3	最大工作半径	1721mm
4	自由度	6轴
5	本体质量	210kg
6	电机品牌	意大利 RRRobotica
7	驱动品牌	意大利 RRRobotica
8	额定功率	4.5kW
9	防护等级	IP54
10	重复定位精度	±0.05mm
11	控制柜	TRC5-B06
12	工作温度	0～45℃

2 激光钻探

机械臂控制系统可以视作机械臂的大脑,它是机械臂运行的基础和核心。根据控制方式的不同,控制系统可以划分为集中式、主从式和分散式3种类型。

运动控制器作为功能提供者,将建立传输控制协议(transmission control protocol,TCP)服务器,等待客户端连接。本控制器支持多客户端同时接入,并收发数据。允许连接总数为Linux单进程允许最大网络连接数(目前256个)。运动控制器会同时处理所有已连接的客户端。TCP服务器端默认端口号为8527,机械臂控制柜如图2-8所示。

示教器是一种用于人与机械臂交互的工具。它可以控制机械臂的运动,实现示教编程,并且可以根据需要进行系统设置和故障诊断。正面主要有急停开关、触摸显示屏和触摸按键。使能开关在示教器右侧,方便操作人员在操作时握持,如图2-9所示。

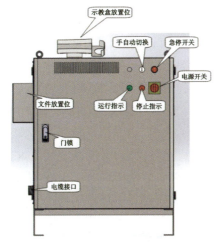

图 2-8 机械臂控制柜

图 2-9 示教器

显示屏采用8英寸(1英寸≈2.54cm)的1024×768的液晶显示屏,触摸屏采用电阻触摸屏。屏幕显示界面如图2-10所示,在屏幕的最上面一行,从左到右依次是手动操作的坐标系

图 2-10 屏幕显示界面

选择、工具的坐标、用户的坐标;该行屏幕的右侧提供了手动操作的速度选择;第二行包含8个主菜单,其中左侧是程序内容的显示区域,可以查看编写和运行的程序内容,右侧则是关节实时坐标显示值和指令位置值,下方则是 IO 状态的实时显示;最底部一行则是每个菜单下方的操作按键,以及实时状态和报警信息的显示栏。

2.2.2 钻进辅助系统

在高功率激光钻进过程中,为了确保钻进效率和设备的安全性,需要设计一系列的辅助设备。首先,应该设计水冷系统来对激光器和激光头进行冷却,以防止过热损坏设备。同时,还需要设计辅助气体装置来吹出钻孔产生的熔融物,以保持孔眼清洁。这些辅助设备对于保障高功率激光钻进的正常运行具有重要的意义。

1. 激光器水冷系统

高功率激光器发热量很大,需要采用冷水机保证激光器正常工作。本例中水冷机采用的是光纤激光器专用水冷机,如图 2-11 所示。这款设备拥有两种温控模式,其精确度可以达到 ±1℃,并且拥有先进的智能温控技术,可以随着外界环境的变化,自动调整冷却水的温度;此外,它还配备了双循环制冷系统,拥有两个独立的双温控设计,以及两个独立的冷却激光器和激光头,从而有效地防止冷凝水的产生。通过实时监测和精确调节,可以有效地维持光纤激光器的出光,同时也有助于保护镜片,从而有效地延长它们的使用寿命。水冷机的作用除了冷却激光器使其免受热损坏外,还包括对激光头进行冷却降温以确保其正常工作。

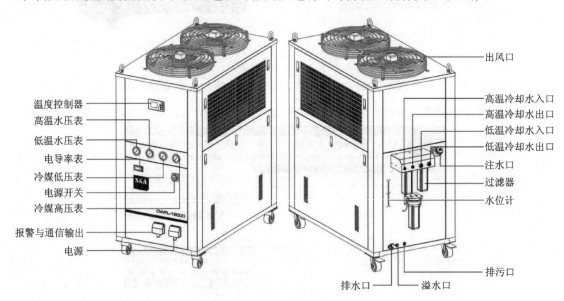

图 2-11 水冷机

水冷机具体参数如表 2-5 所示。

表 2-5 水冷机参数

序号	参数名称	参数值
1	型号	CWFL-12000ET
2	工作电压	380V
3	工作频率	50Hz
4	工作电流	3.5~24.7A
5	整机额定功率	13.55kW
6	温控精度	±1℃
7	节流器	热力膨胀阀
8	水泵功率	1.85kW
9	水箱容量	160L
10	额定流量	高温水 3L/min 低温水大于 100L/min

在高功率激光作用下激光头产生的温度较高,其聚焦镜和准直镜片对温度的承受能力有限,通过冷水机的水冷循环还可以有效地对激光头本体及外光路 QD 接口处进行降温保护。

2. 激光头水冷系统设计

水冷机除了给激光器提供适当的工作温度并保护激光器不受热损伤之外,还需要对激光头进行冷却。激光头水管接头如图 2-12 所示。由于激光头的聚焦和准直镜片组对高功率激光的承受能力有限,通过水冷循环可以有效地降低激光头本体以及外光路 QD 接口的温度,从而保护激光头。

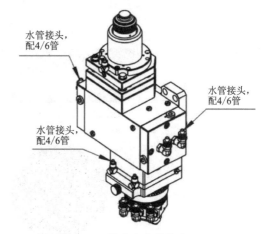

图 2-12 激光头水管接头

3. 辅助气体通道

辅助气体有两个功能:一个是保障激光钻进时烟尘杂质不进入激光头内部,以免污染镜片;另一个是向钻进的孔眼送气,起排屑清孔作用,吹出孔内杂质。这两种用途采用的气源不一样,气体通道也不一样。前者一般采用空气,将空压机接入激光头气道,在激光头内部形成较高气压,防止外界杂质进入激光头腔体,激光头的气管接头如图 2-13 所示。后者一般采用气瓶供气,采用旁轴供气的方式对准孔眼送排屑气体。

对于煤岩或其他含有机物较多的岩石,在钻进试验中给气体喷嘴通入高速惰性气体,如氩气、氮气等,以防发生剧烈燃烧。

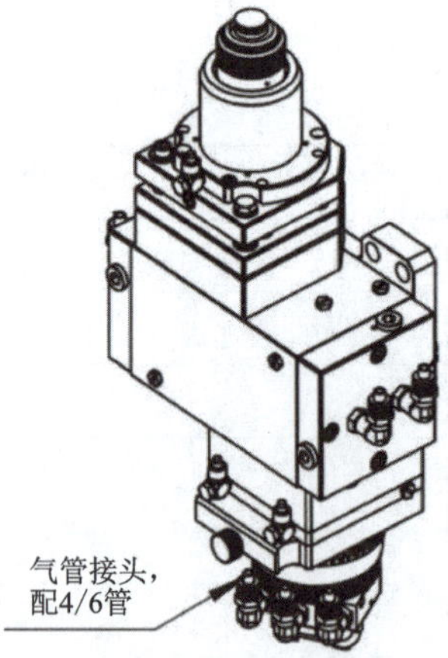

2.2.3 钻进监测系统

激光钻进过程中主要监测钻进过程中岩石表面核心区域的温度和周边的温度场变化、钻进过程中由于高温烧蚀岩石而产生的有毒有害气体浓度,以便及时调整钻进工艺参数,并确保钻进过程的安全。这些监测系统包括红外相机、烟气仪等,此不赘述。

2.2.4 集成控制系统

集成控制系统主要是对前述系统进行控制,其主要功能包括:
(1)实时控制激光钻进设备协调且安全地工作。
(2)钻进轨迹离线编程。
(3)设备状态数据采集及显示。
(4)数据查询及统计。
(5)安全机制和故障报警。

本设备开发了基于PLC的控制柜和基于PC的远程控制系统。控制系统界面如图2-14所示。

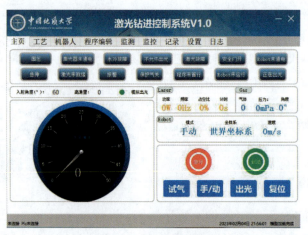

图2-13 激光头气管接头

图2-14 控制系统界面

2.3 激光破岩机理

不同的岩石属性和激光工艺参数,激光辐照产生的热效应不一样,热破坏机制也不一样。因此,对于不同的岩石,激光钻进的机理也不同。

2.3.1 激光钻进硬岩机理

机械钻进硬岩面临的困难主要是对钻机的动力要求高且钻头磨损厉害。激光钻进用于硬岩,没有钻头的磨损,也不需要施加极大的钻压。对硬度较高的岩石,激光钻进一般考虑采用应力破坏的方式。岩体在受到激光辐照时,局部温度发生变化,导致该部分岩石由于温度的上升而产生膨胀。但受制于周围岩体的存在,局部岩石的热变形受到约束,无法发生自由的形变,由此在岩体内部产生应力。简单来说,由于岩石受热不均,岩石内部不均匀形变区域之间相互约束产生的应力,就是热应力。热应力是由热变形受约束引起的自平衡应力。以花岗岩、砂岩为例,这类岩石石英含量高,熔融温度较高,采用熔融或烧蚀的岩石破坏机制,耗费的激光能量过高,不仅能效比不划算,而且钻进效率低,采用应力破坏的机制更适宜,即通过热应力使岩石发生热裂破碎。也可以采取激光联合机械破岩的方式,通过激光照射岩石使其强度降低,从而降低机械破岩的难度,这是一种激光辅助岩石的方法。

在激光钻进过程中,岩样某一位置的热应力与其温度、热膨胀系数以及材料刚度有关。在温度升高时矿物颗粒发生膨胀变形,但矿物颗粒之间存在着彼此之间的约束力,导致内部各矿物颗粒不可能完全按照固有的热膨胀特性随温度的升高而自由变形,由此便在矿物颗粒之间形成一种结构热应力,最大应力往往处于矿物颗粒交界处,导致岩石内部产生局部的热应力集中。当热应力超过岩石颗粒之间以及颗粒内部的强度极限时,会导致矿物颗粒交界面发生断裂,产生微小裂隙,使得岩石内部产生热破坏,并可能导致结构性破坏。

因为岩石类型不同,其矿物颗粒的组分也不同,不同组分在高温条件下存在热膨胀的各向异性,热膨胀也存在差异,不同岩石结构对热膨胀具有显著影响。在岩石内部产生的热应力种类也不同,通常情况下,热应力可分为定常热应力、非定常热应力和热冲击3种。热冲击主要表现为温度急剧变化在岩石内部产生的较大应力情况。

岩石自身的导热属性不强,容易在岩石内部形成温度梯度,通常靠近热影响源区域的岩体温度要远高于其他区域,这使得岩石内部各区域的形变量出现差异,由于岩石内部各区域之间的相互约束作用,岩石内部不同区域内会产生不同的热应力。

岩石的热变形是由温度变化引起的,其正应变量大小可定义为

$$\varepsilon = \alpha \Delta T \tag{2-1}$$

式中:α 为岩石的线膨胀系数,单位为 $10^{-6}/K$;ΔT 为岩石的温度变化量,单位为 K。

在弹性力学中,假定岩石属性各向同性,则岩石各向的热应变正应变与剪应变分别为

$$\begin{cases} \varepsilon_x = \varepsilon_y = \varepsilon_z = \alpha \Delta T \\ \gamma_{xy} = \gamma_{yz} = \gamma_{xz} = 0 \end{cases} \tag{2-2}$$

式中:ε_x、ε_y、ε_z 为岩石在 x、y、z 方向上的正应变;γ_{xy}、γ_{yz}、γ_{xz} 为岩石在 xy、yz、xz 方向上的剪切应变。

岩石的抗拉强度极限是其自身基本力学特性之一,由于岩石的抗压强度极限要远大于抗拉强度极限,通常来说,岩石的抗压强度是其抗拉强度的 10 倍,因此拉裂破坏是岩石最常见的破坏形式之一。岩石受热产生热膨胀,当热应力超过抗拉强度极限时,岩石发生热致裂现象。评判拉裂破坏的强度准则可以采用最大拉应力强度准则,即第一强度理论。

$$\sigma_1 > \sigma_t \tag{2-3}$$

式中：σ_t 为岩石抗拉强度极限，单位为 MPa；σ_1 为节点处的第一主应力大小，单位为 MPa，可表示为

$$\sigma_1 = \frac{1}{2}\left[(\sigma_x + \sigma_y) + \sqrt{(\sigma_x - \sigma_y)^2 + 4\tau_{xy}^2}\right] \tag{2-4}$$

式中：σ_x、σ_y 分别为在 x、y 方向上的正应力大小，单位为 MPa，τ_{xy} 为在 xy 方向上的剪切应力大小，单位为 MPa。

2.3.2 激光钻进软岩机理

机械钻进软岩面临的困难主要是井眼孔壁强度低，井眼稳定性难以保证，尤其是在钻进松软破碎岩层时，非常容易发生塌孔。激光钻进用于软岩，由于是非接触式钻进，对地层扰动极小，且在井眼壁形成高温烧结物，增强孔壁强度，有利于保持井眼稳定性，降低塌孔发生的可能性。以非常规天然气钻采中最常见的煤岩、页岩、泥岩为例，这类岩石均为可钻性等级较低的软岩。激光钻进这类软岩，其破坏机制主要是烧蚀成孔。在激光照射瞬时高温的作用下，煤岩、页岩等表面层在极短的时间内由固相升华为气相，产生以激光烧蚀为主的热效应。高功率激光钻孔实验表明，千瓦级激光照射岩石表面，其升温速率极高，几秒之内就可以在煤岩、页岩等岩样上产生明显的烧蚀孔洞。

激光钻进软岩的成孔机理与岩石自身的特性有很大关系。本节以煤岩为例，介绍激光钻进软岩的原理。

在实际钻进过程中，由于激光辐射到煤岩表面后煤岩表面瞬间升温过快，煤岩成孔机制并非热应力钻进，而是煤岩由固相直接升华为气相。此外，煤岩富含的有机质在高温下产生明显燃烧。因此，激光钻进煤岩过程是物理反应与化学反应共存的复杂反应过程。与一般岩石相比，煤岩在激光钻进过程中发生明显的燃烧现象，这有效地促进了激光钻进煤岩的岩石去除效率。与钻进一般岩石主要发生物理相变过程相比，激光钻进煤岩过程除了发生相变过程，还会发生燃烧这一化学变化。但为了防止燃爆，一般采用惰性气体作为循环介质，以杜绝剧烈燃烧现象。激光钻进煤岩时，激光辐射到煤岩上，煤岩温度急剧升高，周围煤岩由于热辐射和热传导首先经历的是加热过程。在加热过程中，煤岩首先发生的不是有氧燃烧，而是水分等挥发分的挥发过程，其次是热分解的过程，此时会造成大量的水分挥发和弱碱小分子气体的产生与释放。脱水脱气产生的小分子有机物在煤岩周围与氧气反应并燃烧，气体小分子的燃烧效应产生的温度效应促使水分进一步蒸发和煤岩热解。由于煤岩表面瞬间升温过快，煤岩会发生热解以及相变的反应过程。除了上述反应过程外，煤岩吸热升温后，当煤岩温度达到自身燃点后，在有氧环境下发生燃烧，而燃烧中产生较高的火焰会在一定程度上对激光头以及镜片产生破坏。根据炭的燃烧特性可知，在富氧环境下进行有氧燃烧，主要产生气体为 CO_2，而在欠氧环境下，其主要的气体产物为 CO。

激光钻进煤岩的主要优势在于其具有较高的钻进效率，钻进过程中孔壁产生煤岩的烧结固化层，使孔壁稳定性得到加强。但是，钻进过程中产生的燃烧现象对激光钻进设备以及操作安全性产生一定的影响。因此，需要在两者之间找到平衡，即通过钻进工艺的调整，将燃烧

现象控制在较小的程度范围内,使燃烧现象既能加快钻进效率,也能够避免燃烧过于剧烈,对设备产生损坏。同时,钻进过程需要对环境气体进行收集吸收,避免气体燃爆对操作安全产生影响。

2.4 激光钻探工艺

激光钻进既可以采用光束定点照射,也可以采用光束扫描运动的方式。定点照射主要用于形成孔眼,运动扫描主要用于形成割缝。对于激光钻探来说,在钻进时如要取心,可采用激光进行环形扫描运动的方式,即高能激光按一定的轨迹以合适的速度做扫描运动,形成具有一定深度的割缝。为方便取样,激光束可以按一定的入射角辐照岩层,并做圆形轨迹扫描,形成倒圆锥形岩样。根据不同钻进深度,可设计不同的激光入射角,层层递进取样。

现有的高功率激光钻孔或激光切割应用对象是金属厚板,这种应用一般希望割缝或孔径越小越好。与这些成熟的应用不同,激光钻掘希望较大的孔眼或割缝。激光钻孔的孔眼直径主要由激光束的光斑直径决定,激光的聚焦光斑直径非常小,基本都小于1mm。而岩土钻掘的孔径远大于激光束的光斑直径,在尺度上相差一到两个数量级。下文针对钻掘希望获得的大尺寸孔眼(割缝)和大断面掘进,介绍激光钻掘工艺。

2.4.1 扩大孔眼或割缝工艺

1. 同心圆式扩孔工艺

激光首先定点照射,熔融气化出激光孔后,再利用激光钻机激光头的运动灵活性,让激光头绕着激光孔做同心圆运动,结合激光光斑大小,将激光孔逐渐扩大。激光头在做同心圆运动时,应保证激光光斑与之前烧蚀孔接触或覆盖一部分,保证全面熔融气化。同心圆式扩孔工艺方法示意图如图2-15所示,高功率激光束先定点照射岩石钻出激光孔1,然后按逐渐扩大的同心圆轨迹2做圆周运动,得到较大的钻孔直径。

图2-15 同心圆式扩孔工艺方法示意图

2. 方波式(三角波、正弦波)扩大割缝工艺

利用高能激光照射岩层,使岩层温度瞬时增加至熔点或气化点甚至更高,岩石因此破碎、融化或气化,从而形成孔洞。在激光定点熔融气化出激光孔后,再利用激光钻机激光头的运动灵活性,继续让激光头沿着方波(三角波、正弦波)路径运动,结合激光光斑大小,将激光割缝逐渐扩大扩宽。方波式扩大割缝工艺方法示意图如图2-16所示,先利用高功率激光束定点钻出激光孔1,然后沿着逐渐扩大的方波轨迹2移动激光,形成大宽度的割缝。

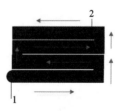

图2-16 方波式扩大割缝工艺方法示意图

3. 摆动式扩孔工艺

激光头做复合运动，利用摆动的激光头沿圆周运动，将孔眼直径扩大的工艺方法。激光头一边做小范围的摆动，一边沿着较大的半径做圆周运动。激光头的摆动可理解为激光头"自转运动"，所述圆周运动可理解为激光头"公转运动"。激光头在运动时持续熔融气化岩层，实现孔径扩大。激光头的小幅摆动可以是三角波，也可以是简谐摆线运动。摆动式扩孔工艺方法示意图如图 2-17 所示，激光头同时做摆动轨迹 1 和圆周运动轨迹 2 的复合运动。

图 2-17 摆动式扩孔工艺方法示意图

2.4.2 大断面激光钻掘工艺

大断面的掘进一般采用钻爆法，但钻爆法难以精确控制开挖轮廓，而激光破岩技术能够精确地控制岩石受激后形成孔道的几何形状。钻探工程施工中，有很多巷道、隧道、平硐等钻掘施工。对于这种大断面的掘进，利用激光熔融烧蚀岩石很显然是效率低且能耗极高的。编者针对大断面的钻掘施工，提出了以下几种施工工艺。

1. 多棱柱网状斜切割工艺

激光钻头射出高功率激光，能够瞬间熔融气化岩石，形成深沟槽。若沿着不同轨迹和方向斜射入激光束，能够将岩石切割成多棱柱并取出，既加快了岩石破裂速度，也方便了岩石从洞内移除到洞外。

以拱形隧道为例，首先利用激光在工作面上环切出拱形轮廓，然后激光束在拱形岩块上做直线运动，进行网状斜切割，将拱形岩块切割成多棱柱，实现岩石去除。这种工艺方法经济高效、结构简单、操作简便、易于实现自动化。网状斜切割出的多棱柱大小及切割槽深度和宽度可根据具体情况而定，沟槽的深度、宽度等可由激光熔融气化的次数、功率密度、光斑大小等来决定。以拱形隧道为例，该工艺方法示意图如图 2-18 所示，激光先切出轮廓 1，然后沿某一方向 2 多次进行斜切割。

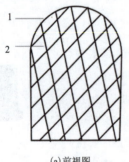
(a) 前视图

(b) 轴测图

图 2-18 多棱柱网状斜切割工艺方法示意图

2. 全断面熔融气化掘进工艺

对于页岩、泥岩等软岩,较小的激光能量就可以将岩石熔融烧蚀,可以采用全断面熔融气化的工艺。相对于机械钻掘方式,激光钻掘对岩层的扰动小,避免了软岩不稳定易坍塌的弊病。利用激光钻机产生的高能激光束沿掘进隧硐轮廓运动,切割出隧硐边缘轮廓,然后在轮廓内做曲线运动熔融气化岩石。激光头运动灵活,可以按任意曲线运动,对断面的轮廓形状适应性强。以拱形隧道为例,该工艺方法示意图如图 2-19 所示,激光先切出轮廓 1,然后激光头沿着螺旋轨迹 2 和直线轨迹 3 进行运动,通过熔融气化岩石达到移除岩石的目的。

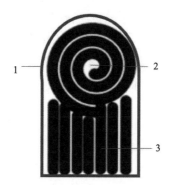

图 2-19　全断面熔融气化掘进工艺方法示意图

3. 周缘熔融气化和静态破裂相结合的掘进工艺

对于在硬岩层的大断面掘进,一般采用机械钻进加爆破的方法。但这种施工方式对地面扰动大,且不易精确控制轮廓形状,易发生欠挖和超挖等情况。利用激光钻机复杂轨迹成孔的灵活性和快速性,可以精确控制断面轮廓。同时结合静态劈裂工艺,如液压或气压劈裂,对轮廓内岩体进行静态破裂,不仅可以提高钻掘效率,而且能够避免爆破对周围环境的影响。以拱形隧道为例,该工艺方法示意图如图 2-20 所示,首先利用激光钻机的高功率激光束沿着硐壁边缘切出拱形轮廓 1,然后在拱形断面内适量钻孔 2 以放置劈裂棒进行液压劈裂,岩块岩屑移除后即形成拱形平硐断面,如此反复即可掘进平硐。

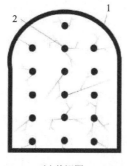 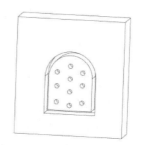

(a) 前视图　　　　　　　　(b) 轴测图

图 2-20　周缘熔融气化和静态破裂相结合的掘进工艺方法示意图

2.4.3 激光钻进工艺参数

激光钻进的效果与岩石的性质、激光参数、外部条件都有关系。针对不同的钻进对象和目的,应采取不同的钻进工艺。影响钻进效果的工艺参数主要有激光特性、光斑直径(离焦量)。对于定点照射,还有照射时间;对于运动激光,还有激光运动速度(扫描速度),另外循环气体也对钻进效果有影响。

1. 激光功率

激光光斑直径一定时,激光功率增大,其功率密度变大,单位时间内沉积到岩样的激光能量增多,钻孔的孔深和直径增加,岩石去岩量增加使激光钻进的效率随之提高。当温度达到矿物熔点时会产生熔融物质,如果不能及时排出,随着熔融物越来越多,吸收消耗额外的激光能量也越来越多,其比能相应增加。因此,随着激光功率增加,激光钻进岩石的比能值会先降低后增加。

2. 激光照射时间

激光钻进岩石过程中,在改变辐照时间而保持其他性能参数不变的情况下,可以发现激光辐照时间越长,岩石吸收能量越多,其温度就越高。显然,随着辐照时间的增加,钻孔深度和直径都会加深与扩大。岩石去除量与照射时间正相关,但是超过某一时间节点后,去除效率将会降低,甚至为零。这主要是由于部分熔融材料未能及时吹走,在孔内反复凝固重熔,造成激光钻孔效率降低。

3. 激光光斑

激光光斑大小与钻孔直径直接相关。在一定的功率密度下,光斑越大则形成的孔径越大。而光斑大小取决于激光头的光学镜片焦距和操作时的岩样离焦量。当离焦量为零时,激光聚焦于岩样表面,此时光斑最小,功率密度最高。在相同激光功率下,激光光斑越小,其激光功率密度就会越大,辐照岩石时的温升就越快,也就越容易破坏岩石。但功率密度达到一定的阈值后,岩样表面产生等离子体,等离子体的屏蔽作用增强使钻孔的深度和直径随之变浅或变小。热影响区的范围则随离焦量的增大而先扩大后减小。

4. 激光频率

利用脉冲激光进行钻进岩石试验时,脉冲频率增加会导致钻进的比能值减小,岩石温度稳定增加,脉冲激光周期性辐照岩样表面,使岩样局部及边缘位置产生较大的热应力,岩石表面及内部产生裂隙并不断发育,促进岩石的热破裂,提高钻进速度。在一定范围内,频率增加,在岩石受辐照部位聚集的能量也增加,使得钻孔直径增大。通过比较脉冲激光和连续激光在石灰岩钻孔的比能曲线,超脉冲激光钻进的比能值一直都低于连续激光,但是随着时间增加,两者的差距逐步减小直至基本消除。

5. 循环气体

循环气体主要用于排出激光钻孔内可能产生的三相岩屑。在实际激光钻进岩石过程中，可以考虑采用空气、氮气、氩气、二氧化碳等气体作为循环介质。研究显示激光钻进不同的岩石在不同循环气体作用下比能值的大小不一样：对于砂岩而言，使用空气作循环气体时比能值最高，氩气与氦气作循环气体时的比能值略低于使用氮气时的比能值；对于石灰岩而言，在氦气循环下钻进比能值最高，其次是氩气，在氮气下比能值最低；对于煤岩，使用空气作循环气体时比氮气作循环气体时，激光钻孔的直径更大，比能值更低。

6. 激光扫描速度

对于运动的激光，在其他性能参数不变的情况下，可以发现激光扫描速度越快，岩石单位面积吸收能量越少，其温度就越低。显然，随着激光扫描速度的增加，割缝深度会降低、直径会减小。

2.5 激光钻探应用

激光钻进是一种适用岩层广、不需要钻井液的非接触式钻进。相比机械钻进，激光应用在岩土钻掘行业中具有独特的优点。

(1) 非接触式钻进，对地层扰动小，没有钻头的磨损。

(2) 激光钻进不需要常规钻头和钻柱，节省大量起下钻柱的时间，缩短了工时。

(3) 激光钻进在岩石上会形成一层陶质层井壁，客观上起到了固井作用，不需要下套管，简化了钻进工序，节约了施工时间。

(4) 不使用钻井液，对地层无污染。

(5) 激光束的方向很容易控制，用于定向钻进可大大降低控向的难度，实现精确的定向钻进。

(6) 适用岩层广。针对不同的岩石，不需要更换钻头，仅需调整激光功率、扫描速度等参数。

由于上述特点，激光在岩土材料钻掘方面具有巨大的潜力。激光射孔、激光定向钻进、激光掘进、地外天体钻进等都是潜在的应用领域。

2.5.1 地外天体钻进

以太空探索为例，对于在地外天体钻孔、采集样品等任务，激光钻进固有的技术特点具有极好的适配性。

1. 非接触式钻进

机械钻进需要提供钻压、扭矩给钻杆，钻机还要承受采样岩层给钻杆的反力。而地外天体上采样钻杆一般安装在星球车上,小车没有锚固措施,无法承受钻取时的较大反力,加之低重力环境,更难以提供钻压。激光钻进作为非接触式钻进,没有钻杆、钻头等消耗,不需要提供钻压、扭矩等,非常适合用于地外天体的钻取采样。

2. 不需要钻井液

机械钻进需要连续提供钻井液以减少钻头和地层的摩擦,并对钻头降温。但在地外天体上很难提供钻井液,较大的摩擦极易导致钻头发热和钻进失败。激光钻进不需要钻井液,非常适合地外天体的干钻工作环境。

3. 适用岩层广

机械钻进对不同的地层采用不同的钻进方式和钻具,比如软岩和硬岩采用的钻头不一样。如果不能根据岩层的软硬程度更换钻头,可能造成钻进效率低、钻头损耗大、钻进失败等。但激光钻进对不同硬度的岩石,都采用同样的激光钻头,仅需通过调整功率、离焦量和激光扫描速度等工艺方式来适应不同的岩层。针对不同的钻进对象,激光钻进可以方便地调整钻进工艺。地外天体钻进采样对象不确定性大,对于激光钻进这种适应面较广的钻进方式更有发挥空间。

另外,激光钻进没有回转、给进等复杂的传动装置,便于实现自动控制。

2.5.2 软弱破碎岩层定向钻进

我国煤矿区碎软煤层占比大,因其硬度低、煤层破碎广泛发育,难以避免塌孔卡钻等问题,无法满足煤层钻进的成孔深度及施工效率要求。常规的煤矿井下定向钻进采用机械式旋转钻进方式,有液动和气动两种技术路线,其中液动螺杆钻具定向钻进工艺由于高压水冲刷孔壁易塌孔而成孔难,而空气钻进工艺虽然对煤层的"冲刷"作用小而成孔性好,但常规定向钻进轨迹不可控,钻孔常因见煤层顶板、底板而终孔,无法满足施工要求。碎软煤层钻孔稳定性和钻进轨迹不可控等一直是困扰煤矿井下钻孔高效安全施工的难题。激光钻进在解决煤矿井下钻进中孔眼失稳、精准控向难、煤层损害等难题上具有极大的潜力。

非接触式钻孔不用钻杆传递能量,避免动力部件转动对煤层的机械破坏,而且孔壁表面是强度较高的烧结固化层,易于保持孔眼稳定性和完整性;激光极易控制光束的方向和运动轨迹,可以方便地实现任意孔眼形状和任意方向的定向钻进,避免常规水平定向钻进频繁造斜、定向和轨迹控制等工艺过程,能够实现精准控向;对于煤层气水平分支井,采用小井眼能够防止煤层的坍塌,激光钻进可以实现比机械钻进小得多的井眼尺寸,能够减小井眼尺寸对煤层稳定性的影响;采用气体循环介质,没有钻井液,对储层无污染;高温烧蚀煤岩,不在孔内积渣,对软硬复合煤层适应性强。

2.5.3 硬岩激光辅助钻掘

硬岩钻掘对动力要求高,需要较大的扭矩和钻压,同时钻头的磨损较大,单纯采用机械钻

2　激光钻探

进的方式效率比较低。对于较大断面的隧道或平硐施工,一般采用钻孔＋爆破的方法来提高施工效率。但这种方法不仅无法精确控制开挖轮廓,而且对周边环境的影响较大,在某些区域使用受限。对于这类场合,可以考虑采用激光辅助钻掘,采用激光辐照弱化岩石,显著降低岩石强度,然后用机械破岩的方法快速实现掘进。

以上列举了激光破岩的几个应用场合,但激光钻探的应用场合远不止此,随着激光钻探技术的发展,必将发掘出激光钻探更多的应用场合。

3 微波钻探

微波钻探技术是一种利用微波(频率范围为300MHz～300GHz)穿透地表并与地下岩石发生作用,通过微波辐射能量,加速岩石内部的热膨胀和裂解过程,从而破碎岩石或降低岩石破碎所需能量的钻探技术。传统的机械钻进过程中会产生振动,同时随着钻进深度的不断增加,岩石硬度也不断增加,导致钻头的磨损变得严重,后期维护及更换导致钻探成本增加,在这种情况下,微波钻探具有一定的优势。

3.1 微波钻探基本原理

微波能已广泛应用于材料、通信及食品等各个领域,其用途基本上是利用微波能量实现干燥、加工以及加热等。然而微波在加热物体的过程中,热失控现象导致物体局部温度不均匀升高,从而产生有害的热点。在绝大部分应用领域,这种局部升温的热点都应极力避免,但是这种现象有望应用于钻探过程。

如图3-1所示,微波钻探的基本原理是将微波能量集中到一个小热点对岩石进行加热(比微波波长本身要小得多),从而实现破岩的目的。微波破岩时采用的是近场微波辐射器,其构造为同轴波导,末端带有可延伸的单极天线,这个天线同时也充当钻头的角色。微波破岩初始,微波能量在天线正下方的岩石区域聚集,由于正下方岩石区域吸收了更多微波辐射,它的温度急剧升高,且该区域温度略高于其他自发冷却的区域,因此,最热的区域即为微波功率聚集的区域,由此创造出一个热点。在岩石的热点区域,岩石变软甚至熔化,出现烧蚀现象,从而实现初步破岩。

当停止微波辐射后,岩石冷却的同时将形成新的形状,此时由于岩石结构发生局部破坏,岩石内部的局部升温和应力变化导致

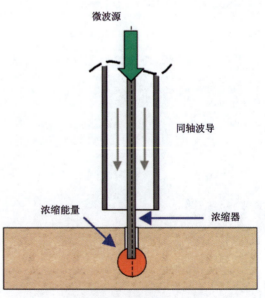

图 3-1 微波钻探原理简化图

岩石内部的水分蒸发,进一步引发岩石结构改变,从而产生热裂纹和熔融,最终导致岩石的抗拉强度及抗压强度等力学性能显著下降,岩石裂纹进一步增加,甚至导致岩石的二次破碎。

3.2 微波钻探装备及组成部分

按照工作原理划分,微波钻探装备可以分为微波源、传输线以及施加器,其中微波源产生不断交替变化的电场及磁场,随后通过传输线传递给施加器。微波源作为微波钻探的核心部件,其发展水平直接影响着微波钻探的应用前景。

3.2.1 微波源

近年来发展出了许多不同种类的微波源,如磁控管、行波管、气体放电管及自由电子激光器等。由于大多数微波加工加热行业所需的功率常在 $10\sim100\text{kW}$ 之间,因此为了满足如此高的功率,发电机的效率必须较高且具有稳定的频率,从而减少能源的浪费。上述不同种类的微波源中,磁控管已经实现批量生产,且相比于其他微波源成本低廉,是最具经济的选择,因此常用磁控管作为微波源。磁控管的概念早在 1920 年就被提出,其基本原理是电子束在交叉的磁场中运动,这一过程导致电子产生微波辐射,但直到 1930 年才研发出了世界上第一个磁控管。1940 年磁控管得到巨大发展,可以产生连续的脉冲微波,能量可以达到兆瓦级,且频率范围为 $1\sim40\text{GHz}$。

磁控管通常由一个空心的金属阳极(腔体)、环形的阴极、中间的绝缘陶瓷和环形的镍铁磁体组成,其中阴极被阳极包围,两者之间的空间称为相互作用空间,并由谐振电路产生电场,磁体在腔体周围产生强磁场(图 3-2)。当阴极被加热时,会发射出电子,这些电子受阳极吸引后开始向阳极运动。当运动的电子进入强磁场区域时,受洛伦兹力的作用,其运动轨迹变为螺旋轨道,由此导致电子在螺旋轨道上进行螺旋运动。电子的螺旋运动将在空心腔体中产生电磁场,这些电磁场产生的能量就是微波。螺旋运动的频率取决于磁场的强度和电子的

图 3-2 1967 年美国 Raytheon 公司生产的 QK1381 磁控管

速度,同时为了保持谐振,腔体的几何尺寸必须与产生的微波波长相匹配,再通过合适的耦合装置,微波便能够传输到磁控管的外部,从而进一步供应给外部电路或天线系统。

3.2.2 传输线

传输线作为微波传输的介质,用于连接不同的元件、传递信号以及维持特定的阻抗匹配。常见的微波传输线包括同轴电缆、微带线及波导,三者应用的领域不同,其中同轴电缆常用于微波通信及广播等,微带线用于微波集成电路中,而波导则在高功率微波系统和雷达系统中较为常见。由于破岩所需微波功率较高,因此微波钻探装置中常选用波导作为高功率传输线。

波导是一种具有矩形或圆柱形横截面的中空金属导管,根据某些特殊传输要求,波导也可以加工为其他形状,但在工业上进行微波加热的一般是矩形波导。微波在波导中的传播形式有两种,即横向电(传播方向上磁场强度为0)和横向磁(传播方向上电场强度为0),因此矩形波导中微波的传输可以分解为横向电和横向磁的线性组合。除了波导之外,还需一些其他设备辅助微波进行耦合。

3.2.3 施加器

微波源产生微波,并通过传输线传递给施加器,随后施加器将适当强度的微波辐射照射到目标物体,从而导致目标物体材料内部发生一系列永久性或暂时性变化,如温度升高、水分消除、内部裂纹扩大甚至发生化学反应产生新物质等。

施加器可分为单模式施加器和多模式施加器,横向电模式和横向磁模式常应用于具有矩形或圆形截面的单模式腔中。单模式施加器只支持一种谐振模式,在该模式下施加器提供的定位精度更高,且微波的强度更强。然而单模式施加器也存在着各种不足,比如只能应用于特定形状的产品,因此其对产品的几何形状及位置变化极其敏感,且价格昂贵,因此普适性不强。多模式施加器可以同时支持许多不同高阶模式,很难分离特定位置的磁场与电场,微波场强度分布均匀,因此应用更加广泛灵活。

3.3 微波破岩机理

3.3.1 微波辐射

早在20世纪中期就有科学家发现:在微波的辐射下,材料的力学性能会发生弱化,随后的十几年中,微波加热这一方法被广泛应用于能源及矿业等领域。微波加热装置不断产生反复变化的电场—磁场—电场,从而产生电磁振荡,微波加热的材料在电磁振荡的作用下,其内部的极性分子发生了超高频的往复运动。该运动将产生两方面效应,一方面是极性分子的运动产生了大量的内摩擦热能,另一方面是材料的内能将由于极性分子的剧烈运动而大幅度提升,在这两方面效应的作用下,材料的温度升高。

3 微波钻探

自然界中的岩石是由各种矿物质组成的,是复杂的混合物。硬质岩石在高功率微波场中,会在短时间内的高温下发生崩塌;在低功率微波场中,则会在长时间的高温下逐步熔化。岩石内部分布有极性分子与非极性分子,在高功率微波的照射下,其内部的极性分子开始做高频振动,导致岩石温度迅速升高。岩石内部不同的矿物成分对微波的热响应不同,使得温度梯度急速放大,进而导致岩石内部出现非均匀的热应力集中,矿物质之间产生沿晶破裂甚至是穿晶破裂,最终产生大量的内部裂纹。当微波功率较低时,温度应力无法在短时间内迅速增加,因此无法导致岩石崩塌,但在长时间的照射下,岩石内部矿物质发生相变,促进了岩石的熔化和破坏,从而使得岩石在微波场中表现出高温熔化的破坏特征。与此同时,在微波的辐射下,岩石内部的温度将高于表面温度,由于热胀冷缩的存在,岩石产生强烈的热冲击,加速岩石的破裂。上述两种破岩机制的存在,会导致岩石的力学性能大大降低,从而削减岩石硬度。

在微波加热材料的过程中,岩石会在微波发生器(图 3-3)输出的高功率微波电磁场的作用下发生介质损耗,微波能量转化为热量。推导公式为式(3-1)~式(3-10)。材料与电场和磁场的相互作用,与材料的介电特性、电场特性和磁场特性相关。可通过复介电常数(ε^*)来分析电场对材料特性的影响,复介电常数量化了材料的极化趋势以及由于正弦电场的存在而导致材料内部的损耗,材料的复介电常数表示为

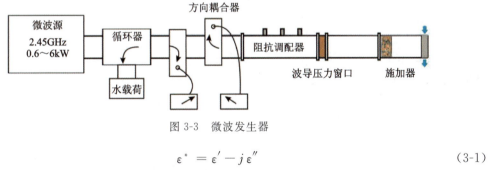

图 3-3 微波发生器

$$\varepsilon^* = \varepsilon' - j\varepsilon'' \tag{3-1}$$

式中:ε' 和 ε'' 分别为绝对介电常数(表示微波对材料的穿透力)和介电损耗因数(表示材料存储能量的能力)。

材料将吸收的能量转化为热量,通常通过损耗角正切($\tan\delta$)来分析

$$\tan\delta = \frac{\varepsilon''}{\varepsilon'} \tag{3-2}$$

式中:δ 为测量电场与材料偏振之间的相位差。

微波辐射期间材料的加热是由于材料内部吸收微波能量而发生的,因此当微波穿过材料时,与材料相互作用下场强度会减弱。当微波穿透完美介电材料时,场强和伴随的功率通量密度呈指数下降。穿透深度 D_P 或集肤深度对功率吸收有重大影响,并受材料的相对介电常数和损耗因数控制。从数学上讲,场强大小保持为其表面值的 $1/e$($=0.368$,e 为自然常数)的材料内部深度(以材料表面为参考),称为场的穿透深度。

$$D_p = \frac{1}{\alpha} \tag{3-3}$$

式中:α 为衰减因子。

α 的计算方式为

$$\alpha = \omega \frac{\sqrt{\mu_0 \mu' \varepsilon_0 \varepsilon'}}{\sqrt{2}} \sqrt{\left(\sqrt{1 + \left(\frac{\varepsilon''_{eff}}{\varepsilon'}\right)^2} - 1\right)} \tag{3-4}$$

式中:ω 为角频率,单位为 rad/s;μ_0 为真空中的磁导率,单位为 H/m;ε_0 为介电常数;μ' 为磁导率的实分量,表示材料的磁能存储程度,也称为频散分量;ε''_{eff} 为有效相对介电损耗因数;ε 为绝对介电常数。

对于吸收介质,其 $\varepsilon''_{eff} \gg \varepsilon'$,$\alpha$ 减小为

$$\alpha = \sqrt{\frac{\omega^2 \mu' \mu_0 \varepsilon''_{eff} \varepsilon_0}{2}} \tag{3-5}$$

对于透明介质,其 $\varepsilon''_{eff} \ll \varepsilon'$,$\alpha$ 减小为

$$\alpha = \frac{\omega}{2} \sqrt{\frac{\mu' \varepsilon_0 \mu_0}{\varepsilon'}} \varepsilon''_{eff} \tag{3-6}$$

对于导电材料,穿透深度称为集肤深度,定义为

$$D_s = \sqrt{\frac{2}{\sigma \omega \mu}} \tag{3-7}$$

式中:α 为 $1/D_s$;σ 为电导率,单位为 S/m;μ 为电偶极矩,单位为 C·m。

微波能转化为热量,取决于目标材料的介电常数、电场和磁响应。材料微波加热的理论分析,可通过功率密度分布方程来描述。由于电损耗而产生的平均功耗为

$$(P_{avg})_{electric} = 2\pi f \varepsilon_0 \varepsilon''_{eff} E^2_{rms} \tag{3-8}$$

式中:f 为频率,单位为 Hz。

同样,磁损耗导致的平均功耗为

$$(P_{avg})_{magnetic} = 2\pi f \mu_0 \mu''_{eff} H^2_{rms} \tag{3-9}$$

则可以得到总的功耗为

$$\begin{aligned}(P_{avg})_{total} &= (P_{avg})_{electric} + (P_{avg})_{magnetic} \\ &= 2\pi f \varepsilon_0 \varepsilon''_{eff} E^2_{rms} + 2\pi f \mu_0 \mu''_{eff} H^2_{rms}\end{aligned} \tag{3-10}$$

式中:E_{rms} 和 H_{rms} 分别为电场和磁场的均方根;ε_{eff} 为有效相对介电损耗因数;μ_{eff} 为有效相对磁损耗因数。

3.3.2 机械破碎

在进行传统的钻探之前,可考虑对目标岩石区域进行微波辐射预处理,这一步骤旨在通过微波能量引起岩石内部的热效应,使岩石产生热膨胀和热裂解,从而提高岩石的可破碎性(图 3-4)。在微波辅助的热效应下,岩石的强度降低,从而通过传统的机械破碎设备更容易实现岩石的进一步破碎。

3 微波钻探

图 3-4 冲击锤进行微波断裂试样的断裂试验

3.4 微波钻探工艺

微波钻探的过程中,对于不同种类的岩石与不同的地质情况,需选择不同的钻探工艺。对于成分复杂的岩石,微波加热的热应力不均匀性表现得更加明显,微波钻探效果更好。在钻进过程中,需确保对着目标区域进行钻进,保证微波能量能被目标区域吸收以减小岩石硬度。在施加微波能量的过程中,对输出功率及输出时间须精确控制,否则会导致目标区域岩石未被完全破坏,使得微波钻探无法取得预期效果;或导致目标区域岩石过度破坏,使得微波能量被过度浪费,提高钻探成本。在微波处理完成后,可使用传统机械钻进完成钻探工作。岩石的种类十分复杂,微波对不同种类岩石的作用结果不尽相同,因此针对常见的几种岩石,探索微波对岩石的破坏效应。

3.4.1 微波辐射对玄武岩的影响

在地质学中,玄武岩被认为是地壳中的主要组成部分之一,属于火山岩,主要由黑色,灰白色或深绿色的矿物组成,包括橄榄石、辉石、斜长石和磁铁矿,其颜色通常为黑色或深绿色,有时也带有灰色调,其矿物颗粒通常较为微细。这种岩石的结构密实,硬度较高(图3-5)。

在微波加热的过程中,不考虑玄武岩内部水分对微波加热的影响。在施加功率分别为1kW、3kW及5kW时,标准圆柱状玄武岩样品分别在约320s、110s、50s后发生了破裂与损坏(图3-6)。玄武岩在不同微波功率和曝光时间下力学性能参数改变如表3-1所示。

图3-5 渗透喷雾处理的玄武岩样品

图3-6 3.2kW微波照射60s后样品图

表3-1 不同组别玄武岩力学性能参数

组别	微波功率/kW	曝光时间/s	弹性模量/GPa	泊松比
M1	0	0	97.07	0.28
M2	1	60	94.04	0.27
M3	1	180	86.84	0.26
M4	1	300	79.64	0.25
M5	3	30	89.27	0.26
M6	3	60	81.47	0.24
M7	3	90	73.67	0.23
M8	5	10	86.54	0.26
M9	5	20	80.65	0.24
M10	5	30	74.76	0.22

弹性模量和泊松比反映了玄武岩的变形程度。可见随着微波功率上升和曝光时间增加,玄武岩变形程度加剧,强度下降。

3.4.2 微波辐射对花岗岩的影响

花岗岩是一种硬度高、耐磨及抗风化的岩石,主要由石英、长石和云母等矿物组成,是深部采矿工程中最常见的硬质岩石(图3-7)。

选择的花岗岩样品主要成分为长石(含量为49.83%)、云母(含量为28.16%)、石英(含量为15.71%),还含有少量的角闪岩(含量为6.30%),另外未经过处理的岩石含水量为0.12%,水对微波的吸收可以忽略不计。实验选取了3个样品在6kW功率下连续微波辐射。在经过微波辐射150s后第一块花岗岩样品发出明显红光,但表面无明显裂纹,169s后第二块花岗岩样品中心出现明显裂纹,183s时第三块花岗岩样品明显熔化变形。

a.裂缝高度;R.样品半径;B.样品宽度。

图3-7 花岗岩样品

花岗岩样品的温度随微波辐射时间线性增加,同时加热速率随着微波功率的增加而增加。此外,不同岩石在微波照射下的加热速率也有较大差异,如辉长岩在微波功率为2kW时的加热速率约为2.93℃/s。这是因为不同矿物在微波作用下的热转换能力不同。

3.5 微波钻探应用

位于美国科罗拉多州的Qmast公司,正在研究利用微波加热技术开采油页岩(图3-8)。微波加热开采页岩油技术利用微波来加热油页岩,从而热解角质层并释放出石油。同时微波加热过程中还把储层中的水变成水蒸气,这些水蒸气将原油驱替至井筒中,实现页岩油的开采。当石油和水被开采出来后,地层岩石对微波而言就变成透明的了,微波束可作用于更远的距离,研究表明微波加热最远可达到距井筒约25m的距离处。微波加热开采页岩油技术不使用水驱替,不会带来任何环境问题,同时在开采页岩油的过程中还会产出地下水,大约三桶油会产出一桶水,同时伴随原油开采的天然气也不会被浪费,而是为用于产生微波的机器提供燃料。

图3-8 油页岩实物图

美国的Quaise Energy同样也在利用微波钻探技术开发深部地热能(最高可达500℃)

(图 3-9),将地热发电规模提升至太瓦级别。该微波钻井技术的灵感来源于美国麻省理工学院能源计划(MITEI)中的新地热钻探项目,该项目开展了核聚变实验,利用陀螺加速器来加热物质。Quaise Energy 使用更大的陀螺加速器开展实验,预计将在 2024 年解决钻井问题,2026 年现场实验,2028 年形成商业化的系统。

图 3-9　微波钻探实验室样品展示

对行星地下组成的研究是了解太阳系历史和演化的重要工具。在对月球、火星甚至小行星表面成分的研究中,机械式钻探目前被用于各种航天探索器中。欧空局正研究一项机械辅助微波钻探项目,用以在其他天体土壤中进行钻探,该项目将研究使用微波辐射,压裂相关火星/月球土壤材料的有效性,并评估所需的功率水平。欧空局的 ExoMars 火星车配备了一个钻探和采样系统,该系统专门设计用于使用杆延伸机构钻至 2m 深,该机构连接了 3 个 50cm 的延伸杆。为确保在火星这样恶劣的环境下进行远程钻探,需要研究一种精湛的钻井技术,而机械辅助微波钻探可以为未来的任务提供有效帮助。目前相关科学家正通过实验研究相关岩石类型在低功率微波近场辐射下的钻削特性。

4 声波钻探

声波钻进技术又称为回转声波钻进或振动钻进,是利用高频振动力、回转力和压力三者结合在一起使钻头切入土层或软岩,从而进行钻探或其他钻孔作业的一种新型钻探取心技术。在堆石层、松散砂砾层、强风化层、回填层中的碎石较硬、易产生塌孔的复杂地质条件下,采用常规的回转钻进工艺方法成孔非常困难,获取的岩心质量差,而声波钻进技术的应用有效解决了这一难题。

4.1 声波钻探基本原理

4.1.1 工作原理

声波钻进技术的主要设备是振动回转动力头,也就是振动器,技术原理图如图4-1所示。由于属于相对较低频率范围(与超声波振动相比较)的机械波振动,声波的振动频率范围在人的听觉范围内,所以习惯上称为声波钻进。振动器能够产生可调节的高频振动以及实现低速回转,通过围绕平衡点进行重复摆动而形成振动,能量在钻杆中积累,当振动达到其固有频率时,引起共振而能量得到释放、传递。振动头产生的振动频率通常为50～185Hz,转速为100～200r/min。能量通过钻杆的高效传递,使钻杆和钻头不断向岩土中钻进,振动波能量垂直传递到钻柱上,频率一般可达到4000～10 000次/min,瞬时冲击力可达到2～30t。

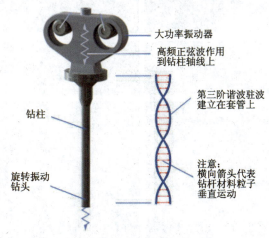

图4-1 声波钻进技术原理图

钻柱的低速回转保证能量和磨损平均分配到钻头的工作面上,当振动频率与钻杆的固有谐振频率重合时,就会产生共振。产生共振时,钻杆的作用就像飞轮或弹簧一样,把极大的能量直接传递给钻头。高频振动作用使钻头的切屑刀刃以切削、剪切、断裂的方式排开其钻进路径上的岩土,甚至还会引起周围岩土粒液化,使钻进变得非常容易。在岩层钻进时,高频振动力使岩石内部分子被迫振动而产生疲劳破坏,并降低强度,再加上轴向静压和回转,因而提高了碎岩效率。此外,振动作用还把土粒从钻具的侧面移开,降低钻具与孔壁的摩擦阻力,也大大提高了钻进速度,在许多地层中钻进速度高达 20～30m/h。

4.1.2 钻进特点

声波钻进技术有以下特点。

(1)应用领域多。广泛适用于工程勘察、环境保护调查孔、地源热泵孔、砂金地质勘探、大坝及尾矿监测孔、海洋工程勘察、大坝基础的钻探取样,以及微型桩、水井孔等钻探领域。

(2)地层适应范围广。在 0～300m 的深厚堆积体、各种松散层(如砂土、粉砂土、黏土、砾石、粗砾、漂砾、冰碛物、碎石堆、垃圾堆积物)以及软基岩(如砂岩、灰岩、页岩、板岩)中能有效高速地进行连续原状取样钻进,以及全套管成孔。而这是传统钻进工法无法比拟的。

(3)钻进速度快。振动、回转和加压 3 种钻进力的有效叠加使声波钻进具有较高的钻进速度,特别是振动作用,不仅可有效破碎岩石,同时也使土粒排开和土壤液化。一般情况下,声波钻进的钻进速度在 20～30m/h,比常规回转钻进和螺旋钻进快 3～5 倍,在某些地层中甚至可达 9 倍。

(4)岩土样保真度好。声波钻进可在覆盖层和软基岩中采集直径大、代表性强、保真度好、不混层的连续岩土样,从而可准确确定地层接触界面的深度、岩土物理性质和成分、含量,采集的岩土心样如图 4-2 所示。声波钻进对岩土的扰动降到最低,尤其适用于需要采集原状样或无污染样品的场合。

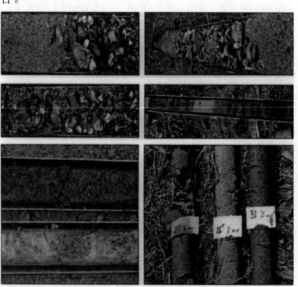

图 4-2 声波钻进采集岩土心样

(5)取样率高。对于常规回转取样困难的砂土、砂砾等地层,声波钻进可以达到90%以上的取样率。

(6)环境污染少,绿色施工。通常情况下,声波钻进可不使用泥浆或添加泥浆处理剂的钻井液,少用水或不用水,其钻进产生的废弃物比常规钻进少70%~80%,从而减少了钻井液对环境的污染。此外,声波钻进施工过程环保,施工时噪声低,对周边环境影响小。

(7)施工安全性好。声波钻进采用了套管跟进护壁技术,岩心管与外层套管单独进行,提取岩心后立即将外套管跟进到先前取心的孔底。外套管能够很好地保护孔壁,防止孔壁坍塌。同时还可隔离含水层,避免交叉污染。由于有外层套管的保护,因此不怕卡钻、埋钻,钻孔过程孔内事故少。

(8)施工工艺多样。可以使用绳索钻进工艺,实现不提钻取样;也可采用单管、单动双管取样钻进;能用较大直径的套管进行4~12h的高效连续钻进。

(9)钻进成本低。一般情况下,声波钻进每天钻进进尺可达100m以上,由于钻进速度快,缩短了施工周期,降低了劳动力费用;不用泥浆及少水钻进,材料消耗少;钻进产生的废物少,减少了现场清理费用;获取的岩土样品准确,地质信息可靠,带来了较好的间接效益。

4.2 声波钻探装备及组成部分

声波钻探设备主要包括近钻头部分、声波钻具、声波钻机等,其中声波钻具和声波钻机为声波钻进的核心设备。

4.2.1 近钻头部分

近钻头部分包括正弦波发生器、发生器驱动机构、减少摩擦和控制钻头热量的润滑系统、振动隔离装置、钻杆回转机构以及钻杆的连接装置。

正弦波发生器须产生足够的能量推动钻杆完成碎岩和剪切作用,如图4-3所示,正弦波发

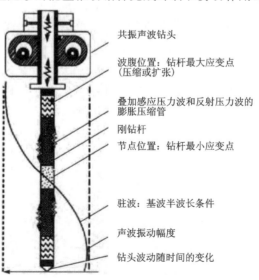

图4-3 正弦波发生器的作用

生器使用偏心反转平衡砝码,在 0°和 180°时振幅最大。通过液压推动,一般在 0~180Hz 运行并提供全方位能量输出,推进长度高达 304.8mm。润滑系统应配备足够容量的冷却器,以保持流体温度处于允许范围内。隔振系统主要起到保护作用,确保向钻柱提供最大的振动能量而不损坏钻机,钻杆上施加的振动须与钻机隔离,可使用充气弹簧、手动弹簧或其他方法。

4.2.2 声波钻具

声波钻具主要包括钻杆、套管、岩心管、采样器钻头、套管钻头、直剪取样探头、水样取心管等。

同传统的回转钻进一样,钻杆用于传递综合作用力并回收岩心管,通用尺寸为直径50.8~101.6mm,长度 60.96cm、152.4cm、304.8cm、609.6cm;套管标称外径为 101.6~304.8mm。当相同尺寸钻杆搭配不同尺寸岩心管时,套管和钻杆之间空间大小不确定。

岩心管主要用于采集地层样本并清理套管内部。液体或固体岩心管都有不同的直径和长度,其尺寸应与套管内径相匹配并满足项目要求。岩心管安装有切割片,穿透地层时可保证垂直度。常见岩心管主要包括以下几类。

(1)固体岩心管。固体岩心管是两端有螺纹的固体管材,有多种尺寸和长度,标准采样运行长度为 304.8~609.6cm,可调整采样运行长度来获得最佳岩心采取率,组合岩心管可增加取样长度。在某些地层中,随着进尺增加,岩心采取率有降低的趋势,在另一些地层中反倒有升高的趋势。振动会使在松散未固结的砾石地层取得的样品致密,同时在松散地层和软土中取心时会压密地层土。

(2)对开式岩心管。对开式岩心管是两端有螺纹、纵向可分开的管材,两部分岩心管有突出和凹槽部分,用于互锁以防止岩心管分开,有多种直径和长度。即使穿透地层时对开式岩心管受到震动作用,但对其影响不大,有利于观察岩样。对开式岩心管在坚硬地层中有分开趋势,主要受到施工方法的影响;获取岩心后质量很大,需要特定技术移取。内衬、透明丁基、聚乙烯基塑料或不锈钢可用于对开式岩心管和固体岩心管。

(3)在岩土工程勘察中,标准取样设备可与声波钻进结合使用。D1586(ASTM 标准编号,下同)标贯实验用于声波钻进时应配备套管和 63.50kg 自动锤;液压驱动的 D6519 和手动或固定活塞、薄壁管岩心管 D1587 与声波钻进结合使用应配备有大容量泵;岩土钻掘中声波钻一般都配备绞车线。

套管钻头与套管连接部分组合,其作用是引导套管穿透地层,并带走钻屑。套管钻头可遵循以下 3 种基本设计方向之一。

(1)"挤入":将大部分岩心挤入钻孔和套管内,在密实、干燥或黏性好的地层可得到很好的应用,有助于减少地层压实和摩擦。

(2)"挤出":将大部分岩心挤出孔壁,在松散、颗粒状的砾石和淤泥地层中可得到更好的应用。

(3)"中性":允许钻头选择阻力最小的路径。不同的地层可选配不同钻头,钻头表面均匀间隔分布硬质合金齿,图 4-4 显示了典型的硬质合金齿分布方式;硬质合金钻头在众多地层中得到很好的应用,被认定为普遍通用钻头,其极适合于声波钻进时发生的冲击作用。其他

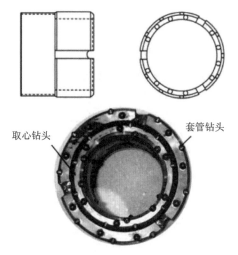

图 4-4 套管钻头结构

配置包括胎体上的焊接硬质合金片、切削齿等。

区别于套管钻头,岩心管钻头设计可承受较小压密作用和摩擦力,使岩心通过钻头进入岩心管。钻头一般由锯齿状硬质合金齿、粗糙内表面或固定容器组成,以协助保存岩样。岩心管钻头直径应小于岩心管内径 3.175mm,这样岩心会以最小阻力进入岩心管,减少了对岩心的不必要扰动。钻头唇面应设计为最有利于钻进地层,如在含有卵砾石的密实地层中可采用硬质合金齿,松软地层中锯齿形有利于排除钻屑。钻头唇面类型和取心方法的选择取决于地层特征,并应随钻进过程进行优化,减少岩心扰动的同时以获得最高岩心采取率。

声波钻进也是一种直推式钻进方法,可用于环境勘察中的原位保真取样钻进。原位取水样钻具的锯齿形内管和外部驱动管件连接于一点,该点直径与外部驱动管直径相同,以防产生空隙,造成含水层之间交叉污染。安装过程中,内部滤网通过装有 O 形圈的外部驱动管与地层密封。当进入岩层时,土体摩擦力作用于该点,向外拉动外部驱动管可使内部滤网外露,内管直径为 50.8~101.6mm 或更大,以增大取心能力,使用高容量泵可从深部地层快速采样。采水样探头可安装一次性结构设计,以进行压力灌浆或安装小直径监测井,探头采用密封形式安装在声波套管内的充气隔离器中。

4.2.3 声波钻机

声波钻机主要由声波动力头、进给机构、底盘、动力装置、液压操纵系统等部分组成,并且所有部件均装载在底盘上,可以实现自行整体移动。

和回转钻进的钻机相似,声波钻机也是载具承载,其动力可由车载发动机或辅助发动机输出。声波钻机配有钻塔,用于上下移动钻头、向钻柱施加给进和收回压力以及搬运装备,钻机也可配备自动化装置。声波钻机采用液压驱动,钻塔、钻井液泵、夹持机构和其他辅助设备也需动力驱动,故电源须提供驱动所有系统所需的马力,马力要求基于设备的实际钻深能力。同时,运载车辆须具有足够的自重以支撑钻机质量。

根据实际钻深的不同,钻塔的高度有所不同,但要求钻塔应具有足够的拉伸力,一般为钻具重力的 1.5 倍。声波钻机可采用几种不同尺寸的夹持器。针对近水平声波钻机,其可向上倾斜 90°钻进,使钻杆或套管与主轴连接,最后提升回归原位与钻柱连接。其他钻进形式可采用杆式夹持机构,钻杆或套管为挂钩连接,钢丝绳绞车可用于钻杆脱扣,使用绞盘方式的设备通常配有一个滑轮,可拉伸 609.6cm 长的钻杆,以减少岩心管取回时间。声波钻机同样配有钻杆拧卸装置,装置上部应能双向旋转以关闭和打开接头,接头喉部须足够大以容纳最大尺寸的钻具。同时间隙应可以调节,下部构件应能够承受工具最大总重,高速旋转装置可加速拧开钻杆。

声波钻机配备的泥浆泵有多种用途,如泵送钻井液进行润滑、排出钻屑、冷却钻头等,也可进行钻孔灌浆以及设备清洗等。在某些地层钻进中,钻井液在平衡地层压力方面作用更为明显,如饱和土层,但在实际工程中钻井液的主要目的是保持套管清洁。声波钻进中对钻井液消耗较少,通常不做回收处理。根据声波钻孔深度,建议至少配备一个泥浆泵,如果需要辅助泥浆泵,需提供 $1400kN/m^2$ 的泵送或清洁能力,渐进式腔体或蠕动泵在声波钻进中应用效果较好。同时,泥浆泵应配备压力指示仪和泄压阀,以保护泵免受损坏并防止地层破裂。空气压缩机也可在声波钻进中应用,但应注意同钻进地层相匹配,其气压可由钻孔深度、孔径确定。声波钻机的辅助工具包括杆式起重设备、管件扳手、钻井液搅拌机以及用于维护和修理的手持式工具,还应配备便携式或液压式电弧焊机、乙炔炬、蒸汽清洁器和便携式发电机、便携式流体泵和泥浆储存罐等。

4.3 声波钻进机理

把钻具看作均质弹性体,令振动器的激励频率接近钻具的纵向振动固有频率。发生共振的钻具会最大限度地产生弹性变形,从而贯入土中。而且由于钻具的固有频率很高,钻具的振动速度比沉积物的反弹速度快,颗粒间的结合遭到破坏,含水沉积物会产生"液化现象"。同时由于钻具的弹性形变,其截面直径也会随纵向振动而快速缩小和增大,从而破坏钻具与沉积物的持续接触。这是超高频($>42Hz$)振动钻进的钻进机理。

声波钻进正是利用了这种共振钻进理论,利用声频振动器的高频振动,使柔体钻柱发生共振。利用共振破坏土壤的黏结力,降低钻具的侧面摩擦阻力。钻具在孔内除了会有侧面阻力外还会有端部阻力,所以对于坚硬的岩土,为了实现钻进首先必须克服端部阻力。振动冲击理论认为,对于坚硬地层,钻具的下沉不可能仅仅靠自重来破坏前端土层,还要靠钻具运动时端部对硬地层产生的冲击作用,使之产生塑性变形。声波钻在饱和含水地层钻进或小泵量循环液钻进时,振动变形使接触钻柱的薄层土体孔隙内水压迅速上升,颗粒之间的有效应力降低,当孔隙水压力上升使土壤颗粒间有效应力降为零时,土壤颗粒就会悬浮于水中,土体液化处于流动状态,成为黏滞流体,抗剪强度和刚度几乎趋于零,钻柱的振动能量主要耗散于黏滞流体中,土体对柔体振动的钻柱边界约束较弱。

声波钻头冲击岩石时,随着岩土刚度的增大及钻柱共振阶次的提高,冲击力峰值增大,冲击时间变短。在岩石刚度、共振阶次不变的情况下,随着钻柱的加长,钻头与岩石之间的最大冲击力明显降低。随着钻孔的延伸,调整声频振动器使钻柱发生更高阶的共振,在一定程度上可以提高声波钻的钻进效果。阻尼对声波钻钻头与岩石之间的冲击力幅值影响明显,近似与阻尼比成反比;但阻尼比的变化对声波钻钻头与岩石之间冲击力的变化趋势及持续时间几乎没有影响。

4.4 声波钻探工艺

以美国声波钻进规程 ASTM D6914/D6914M-16 和国内第一台 YGL-S100 型声波钻机为例,介绍几种声波成孔工艺和取样钻进工艺。

4.4.1 美国声波钻进规程

在美国的声波钻进规程 ASTM D6914/D6914M-16 中,声波钻探可实现两种成孔工艺,即取样钻进和套管钻进,其中取样钻进包括固体取样钻进和对开式岩心管取样钻进。成孔工艺以双管高频振动、低速回转为主,实现多种目的的原位取心作业,并可结合其配套设备,拓展声波钻进的适用范围。融合原位测试、岩心原位分析等技术的声波钻进工艺和设备将是未来发展的主要方向。

1. 取样钻进

在钻头穿过表层土、路面或其他覆盖层后,从钻孔中取出岩心管和覆盖层岩心样品,重新下钻后,启动声波钻机。注意钻进深度变化,记录钻深增量,精确到 0.1ft(1ft≈0.304 8m)。尽量在偶数英尺处结束取样钻进,或者为了便于钻孔测量,以 0.5ft 增量结束钻进。

1) 固体取样钻进

在完成取样时应停止施加压力、停止声波钻头和岩心管回转,并按正确方向将岩心管中样品放入岩样收集袋中。样品袋尽可能靠近岩心管底部,以减少岩样下落距离,尽可能减少干扰;岩样通常保存在 60.96~152.4cm 长的样品袋中,用于检查、记录和分析,样品袋长度不超过 152.4cm,因为收集的岩样质量越大,后期处理难度也越高;若岩样可扰动,则取样袋长度可大于 152.4cm。根据需要更换取样袋,直到从岩心管中取出所有岩样。针对特殊地层取样,可使用透明塑料岩心管衬里进行更精确的回收测量,也可使用固体岩心管采取水样。旋转岩心管对取出岩心是有利的,但是,只能在必要时使用,以避免扰动岩样或使其从采样器中掉落;某些地层中,可能需要启动声波钻头以便于取出岩心管。

2) 对开式岩心管取样钻进

使用对开式岩心管取样步骤与一体式岩心管相同,不同之处在于对开式岩心管不能承受重压或高摩擦阻力旋转,因此,现场操作时必须更为谨慎。取出岩样时,对开式岩心管可减少岩样干扰,采用对开式岩心管可得到更准确的岩样数据。

2. 套管钻进

在声波钻进中,套管的作用是维持孔壁稳定,防止钻孔塌陷,同时也利于岩样回收、防止含水层交叉污染,提高岩心保真度,也可为钻孔测量提供可控环境。根据钻进的地层,使用干法安装套管或湿法安装套管。干法是在岩心管从钻孔中取出后进行安装,而湿法则是在岩心管提钻前进行安装。套管有多种常用长度和直径,其尺寸与岩心管的直径比例根据对环空的清洁度确定。钻井液的功用同普通回转钻进是一致的,不同的是,声波钻进过程中钻井液通常不再循环使用。

干法安装套管时,按照设定的取样间隔取出岩心管,并及时收集、处理岩心样品,将钻头连接到套管后下入到取样位置以下,然后再下入岩心管进行取心钻进。在某些地层中,可使用双倍长度的岩心管进行连续取样,同时注意保证岩心管清洁度。钻遇坍塌地层时,应测量位置并正确记录。

湿法安装套管时,首先将岩心管下到预定深度,钻头与岩心管断开,钻杆中放置一个塞子以保护螺纹,并防止钻井液进入岩心管冲刷岩心。钻头上安装有相同长度的钻孔套管,并将其连接到岩心管上,利用压力、旋转和振动作用推进套管,同时启动泥浆泵,钻井液被泵送到套管柱中,通过润滑作用推动其直至岩心管底座。然后取出岩心管,收集、处理岩心样品后再次下入预定深度。岩心管提钻时,顶部与钻井液之间有少量接触。

由于声波钻孔受到套管的保护,因此可采用多种仪器设备对钻孔进行原位测试,由于钻进过程对周围地层干扰小,使孔内测试数据更为真实可靠。同时,传统回转钻进的钻头也可应用于声波钻进中,如金刚石钻头。由于声波钻通常具有低转速特点,因此可通过使用齿轮驱动的速度倍增器、变速旋转马达、调整声波钻头输出方式等措施获得足够的钻进速度。通过压缩空气源,可将潜孔锤引入声波钻进中,实现高效成孔。

4.4.2 YGL-S100 型声波钻机

无锡金帆钻凿设备股份有限公司历经两年的研发,引进日本东亚利根公司声波动力头技术,制造出的国内第一台 YGL-S100 型声波钻机,可实现单管取样、单动双管取样和绳索取心 3 种取样钻进工艺。

1. 单管取样

单管取样钻具比较适合土层取样钻进,可以无水、不回转钻进,取出原样土层。也可以使用少量水来冷却水龙头,水从取样钻具上部排出,不会冲刷土样。

单管取样钻具钻头上部设计有土样自动装样机构,进入岩心管内的样品自动灌装在塑料样品袋中,方便从岩心管内取出样品的同时,还有利于保存样品防止土样失水。提取样品后立即将外套管跟进到先前取心的孔底,再进行取样钻进,如此反复,直至钻进深度。外套管能够很好地保护孔壁,防止孔壁坍塌。

2. 单动双管取样

在砂砾层或基岩钻进时,需要回转钻进,由于单动双管钻具内管不回转,可以取得无扰动的原状样,达到保真取样的目的。

单动双管取样钻进过程同单管取样钻进,使用套管护壁,以维持钻孔稳定,使钻孔不塌陷、缩径,保证钻孔能顺利钻进。

3. 绳索取心

近年来绳索取心钻进已成为首选的取样钻进方法。它最大的优点就是取样速度快,劳动强度低,YGL-S100型声波钻机也配套了专用的绳索取心钻具,实现绳索取心取样钻进。

在钻进过程中,将绳索取心双管总成放入外钻杆内,取心钻具同外钻杆一起旋转钻进,达到取样长度后,用打捞器将绳索取心双管总成打捞出来,取出其中的样品;重新放入双管总成,加接外钻杆继续钻进,依次钻进、取样。绳索取心钻进不需要提取钻杆,提高了钻进效率,能连续、高速取出原状样。由于不需要提钻取样或更换钻头,岩样不混层,反映了地层真实的情况。

YGL-S100型声波钻机在×××水电站做监测孔施工时,取样钻进过程显示,在填方层(0~9m)时,钻进速度快,钻进时效可达20m,取样率高,可达95%以上,且所取的样品呈现完整的圆柱状,保真度好,能够反映地层的真实状况,如图4-5(a)所示。进入砂砾层后,钻进同样快速,其钻进时效可达十几米,所取岩样分为两部分,一部分是较为完整的圆柱状,另一部分为散落的砂砾石。砂砾层胶结性不好,钻头与取样器之间的间隙过大,水流将沙土冲走,只剩下砂砾石,无法形成圆柱状,因此呈现散落状,如图4-5(b)所示。针对该种状况,取样钻进过程中,采用少量清水钻进,提高振击力,快速成孔,此时岩样被水冲刷的概率大幅降低,岩样可保持较为完整的圆柱状。在砂砾层的钻进过程中,也会遇见大块砾石(粒径为30~45cm),此时钻进速度会自动降低,但取样效果很好,岩样较为完整,如图4-5(c)、图4-5(d)所示。

(a)填方层岩样　　(b)砂砾层岩样　　(c)块状岩石岩　　(d)直径30~45cm大块砾石岩样

图4-5　YGL-S100型声波钻机施工时获取的部分岩样

4.5　声波钻探应用

4.5.1　应用范围

声波钻进适应地层范围广,且由于其自身优点,决定了声波钻进可应用在诸多钻探领域。具体如下。

1. 环境钻探

环境钻探往往在垃圾填埋场、军事基地、油罐场、公共加油站、农药堆放场、核废物泄漏区、工业废液泄放和渗漏区等地进行。需要钻进方法具有钻进速度快、施工安全性好、适应地层范围广和能采集高保真样品等特点,声波钻进技术无疑是环境钻探最佳的选择。

2. 岩土工程勘察

声波钻进可在覆盖层和软基岩中采集直径大、代表性强、保真度好的连续岩土样。能够准确确定地层厚度、岩土物性和成分以及污染物含量,为岩土工程勘察获取准确的岩土力学性质、水文地质和地球化学信息等提供了理想的手段。

3. 矿产勘探

进行砂金矿床勘探时,声波钻进方法可以非常成功地采集连续砂金矿样,另外,在石油和天然气地震勘探中,声波钻机是理想的地震勘探孔钻探设备。

4. 水文水井钻探

声波钻进打井速度快,判定含水层准确,双管系统有利于过滤器安装,钻孔干净可减少洗井时间,同时具有最少的流体废物处理量。

5. 岩土工程施工

声波钻进可用于建立混凝土灌注桩、设置钢桩、土钉、埋设锚桩、安放阳极、打水力压裂孔、灌浆孔、锚索孔等。

4.5.2 应用实例

1. 国外应用实例

(1)1981年,在美国阿拉斯加砂金矿区勘探中,曾用两台声波钻机进行钻探,钻孔直径89~250mm,钻孔平均深度90m,最大钻孔深度210m,取得了令人满意的钻探效果。

(2)1996年,在美国哥伦比亚British东部的W.A.C.Bennett坝顶出现多处落水洞。此坝为容纳750亿立方码(1立方码≈0.765m^3)水的Williston水库拦水坝,坝长1.25英里(1英里≈1 609.344m),坝高600ft,坝宽2600ft,坝体由土石填筑而成。落水洞的出现预示着土石坝的内部结构已遭到严重侵蚀,大坝一旦决堤,水库下游将遭受灭顶之灾。美国政府迅速从世界各地召集专家,共同研究形成落水洞的原因、估计大坝内部松散区域的范围、确定最佳的补救措施。启动了多种方法的大坝全面调查程序,包括非常规地球物理勘查技术、电子锥穿透试验等,但是没有一种方法能提供工程师需要的落水洞区域的准确信息。这种情况下,在大坝上钻探非常危险,原因是一旦通道被打开,随之而来的水流将无法被阻止,很快大坝将决堤,如果钻探中采用钻探冲洗介质,由于水力压力,可能造成打开的通道破裂。为此,需要采用既能迅速提供连续岩土样,又不使用水或其他形式钻井液的钻探方法。起初曾采用空气潜孔锤钻进方法,但空气潜孔锤无法穿透深厚的大坝中心。最后,加拿大 Sonic Drill 公司采用 Gus Pech 制造公司生产的声波钻机十分顺利地完成了大坝调查钻探任务,施工钻孔 15 个,最大钻孔深度 132m。

2. 向家坝水电站深厚覆盖层成孔取样

1)工程概况

向家坝水电站位于云南省水富县(右岸)和四川省宜宾县(左岸)的金沙江下游河段上,左右岸分别安装 4 台 80 万 kW 的机组。水电站拦河大坝为混凝土重力坝,坝顶高程 384m,最大坝高 162m,坝顶长度 909.26m,坝址控制流域面积 45.88 万 km^2,占金沙江流域面积的 97%。水电站坝区地层复杂,上部地层主要为冲积层,以砂砾为主,厚度不均。

水电站建成后,坝区居民反映居住的建筑物有不明震感,为查明引起震动的原因以及震动来源,决定在库区及居民点地下埋设震动监测仪器。监测分 3 个区共布置 18 个监测孔,震动监测仪器直径 102mm,长度 550mm。根据震动仪器埋钻孔要求,钻孔深度在 50~150m,钻孔直径不小于 120mm。钻孔穿过地层自上而下主要分为:填方层,主要为混凝土块、灰岩块石、砾石、少量沙土;砂卵砾石层,主要为中粗砂含少量砾石,砾径一般 10~50mm,个别地层砾径达 1~2m;基岩,主要为泥岩。

2)施工难点

该地区地质条件复杂,根据以前钻进取样资料,钻进过程要先后穿过堆石层、松散砂砾层、强风化层以及基岩;回填层碎石较硬,易塌孔,采用常规回转钻进方法成孔非常困难,一两个月内无法钻成一个监测孔。且常规回转钻进方法在砂卵石层取样困难、取样率不高、保真度较低,而岩心取样是对具体地方的具体地质状况判断的依据,要求岩样保真度高,钻机在取样过程中对地层扰动小。

3)钻孔方案

项目工程组人员决定利用声波振动回转钻进的特点,使用无锡金帆钻凿设备股份有限公司生产的 YGL-S100 型声波钻机,如图 4-6 所示,该钻机采用日本东亚利根公司的声波动力头技术。钻具全部采用为声波钻进施工而特殊设计的高强度钻杆、钻头、取心钻具。使用 YGL-

图 4-6 YGL-S100 型声波钻机在向家坝水电站做绳索取样施工

S100型声波钻机对坝外县城居民区4个震动仪器埋设孔实施上部覆盖层快速钻孔,借以加快监测仪器埋设进程,同时对个别典型区域地层监测孔进行原状取样。

在此次施工中,YGL-S100型声波钻机在复杂地层的高效钻进能力、取样能力得到了很好的验证,其主要性能参数能达到了设计要求,钻机性能稳定。

3. 山西干旱少水复杂地层取样钻进

1) 工程概况

本次勘察具体地址为灵石县,地处山西台背斜的中部,吕梁块隆、沁水块坳、晋中新裂陷与临汾-运城新裂陷4个Ⅳ级构造单元接壤部位,主要有四大构造体系,即祁吕弧形褶皱带东翼、晋中多字型构造、南北向断裂带、东西向构造形迹。

拟建厂地处晋中多字型构造体系西南端,距离该厂区最近的构造形迹为仁义断层,位于拟建厂区东部约2km处,该断层总体走向北东-南西,并呈似"S"形延伸,断层面倾向北西,北西盘下降,断距约300m,构成北部二叠系下石盒子组与石炭系山西组断层接触关系,为张扭性正断层,断层破碎带宽度达50m。

本次勘察为详细勘察,其目的是为施工图设计提供岩土技术参数及依据,对建筑地基做出岩土工程分析评价,并对地基处理、基础设计、不良地质作用的防治等提出建议和方案。

2) 施工难点

砂卵石地层钻进速度慢且取心率低。砂卵石地层是由砂子和黏土充填在卵石周围形成的一种地层,卵石之间的填充物非常容易被冲洗液冲刷掉,固结性差,孔壁易坍塌、掉块,在钻进时扫孔困难。砂卵石大小不一、质地坚硬,遇到大块的漂石时,钻头必须将漂石打穿方能进尺,导致钻进效率不高。卵石之间的填充物易被水冲刷掉,且容易从挡簧之间漏出去;卵石大小不一,在钻进时容易被挤压到一边去,导致进入岩心管内的卵石变少等,取心率低。

黄土状粉土层钻进速度慢,黄土状粉土中含水量极低,地层吸水性强,常规钻进需要大量水来排出切削下来的土,进尺速度慢。

3) 钻进方案

在该工程地质勘查中,仍普遍使用XY-1型钻机,该钻机为立轴式,常用单管取心钻进,频繁提钻取样,破坏了地层的稳定性。如果遇到砂卵石等复杂地层,则会钻孔困难,钻进速度慢,取样率低,样品不完整、不连续,岩样保真度不高,甚至取不到样,严重影响工作进度。

因此,根据干旱少水地层钻进难点及采取的施工工艺,河北建筑勘察研究院有限公司决定在此工地采用YGL-S100型声波钻机,如图4-7所示,其冲击频为4000次/min,适用于复杂地层的钻进;泥浆泵使用

图4-7 YGL-S100声波钻机在施工现场

BW-160 型;配套 SS140-S-00 型号的绳索取心钻具进行钻进取样,使用直径为 140mm 的整体钻套管,直径 155mm 的钻头。施工速度和取样效果均得到了较大提升,共计施工钻孔 19 个,深度 20～25m。

复杂地层取样钻进主要是防止塌孔,声波钻进使用钻套管,很好地保护了已钻出的钻孔,再利用绳索取心钻具不提钻取样的优点,减少了塌孔现象,两者结合极大地提高了钻进效率。

4. 南宁市典型复杂地层成孔取样

1)工程概况

施工场地较平坦,本次勘察共布置钻孔 164 个,其中建筑物钻孔 142 个,基坑钻孔 22 个,预计孔深 35～45m。钻孔实际钻探孔深 23.33～62.91m,总进尺 6 146.24m。根据钻探结果及区域地质资料,场地岩土层在钻探深度范围内共揭露 4 个主要工程地质层。

2)施工难点及技术关键

岩心取样是对具体地方的具体地质状况判断的依据,因此须所取的样品完整、连续,即要求岩样保真度高,钻机在取样过程中对地层扰动小。该地区地质条件复杂,根据以前钻进取样资料,常规的 XY-1 型钻机采用回转钻进方法成孔非常困难,取心率也很低,经常出现孔内事故,需要 3～4d 才钻进一个孔,且取样效果达不到设计要求。

3)钻进方案

为了提高成孔效率,提高保真取样率,项目工程组人员决定利用声波振动回转钻进的特点,使用无锡金帆钻凿设备股份有限公司的 YGL-S100 型声波钻机来钻孔施工,如图 4-8 所示。YGL-S100 钻机进入工地后,使用直径 76mm 的钻杆,直径 114mm 的钻套管,取心工具为 91 单管取心和 114 绳索取心钻具。每天可完成 2～3 个孔,取心率很高,达到了设计要求。

施工过程中的绳索取心钻进使用了 SS114-00 绳索取心钻具,一共钻了两个孔,钻进借用了 φ114mm 特制的钻套管、φ125mm 钻头,取样直径 φ71mm。为达到保真取样的目的,钻头设计成特殊的喷水结构,以保证循环液不冲刷样品。

在钻进过程中,将绳索取心双管总成放入外钻杆内,取心钻具同外钻杆一起旋转钻进,达到取样长度后,用打捞器将绳索取心双管总成打捞出来,取出其中的样品;重新放入双管总成,加接外钻杆继续钻进,依次进行、取样。采用绳索取心钻进,不需要提取钻杆,取样速度快、劳动强度低、钻进效率比单管取样钻进提高 3～5 倍。

图 4-8 YGL-S100 声波钻机现场施工图

5 超声波钻探

5.1 超声波钻探基本原理

国内现有的钻探装置如电钻、冲击钻、电锤等,它们的工作原理都是利用传动机构在带动钻头做旋转运动的同时,还有一个方向垂直于钻头的往复锤击运动致使被钻介质破碎。它们还有一个共同的特点就是往复锤击运动的频率不高,都在声频范围内,冲击频率不高对于脆性介质来说意味着使其疲劳破碎的难度不小。理论上,高频的冲击更容易使脆性介质发生疲劳破碎。砖头、水磨石、混凝土和花岗岩等材料,它们被钻探时都在承受变动载荷作用,它们的破碎形式主要是疲劳破坏。被钻材料在变动载荷和应变长期作用下,因累积损伤而引起的断裂现象,称为疲劳。交变载荷的交变频率越高,应变越大,材料越容易发生疲劳。超声波钻探设备正是运用超声波发生装置产生超声波频率,通过换能器将能量放大来带动钻头进行高频振动,使脆性材料产生疲劳破坏,进而达到破碎岩石的目的。

超声波钻探技术于 20 世纪末在美国发展起来,其设备需要的轴向力低,能用相对小的荷载和相对轻的金属器具,在硬岩、冰和密实土壤中完成钻探与取心任务。由于其质量轻、所需轴向力低等优势,因此进入了外星探测机械设计者的视野。图 5-1 为超声钻结构示意图。传统超声振动系统主要由超声波发生器、超声换能器、变幅杆和钻杆组成。超声波在金属杆件中主要以纵波形式传播,杆内各点的振动为沿波传动方向的简谐波动。超声波发生器将接入的交变电流转换成超声频率的功率振荡电信号并加载在换能器的压电陶瓷片上,利用压电陶瓷的逆压电效应将此功率电信号转换为超声频率的机械纵振,通过变幅杆将机械纵波的幅值

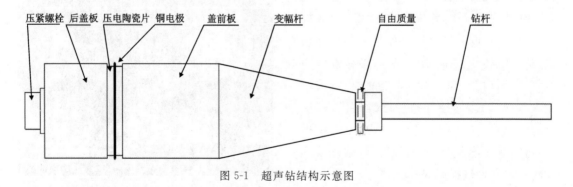

图 5-1 超声钻结构示意图

放大并传递给钻杆。在钻头与被钻材料间加入磨料悬浮液,磨料悬浮液受到钻杆工具头一定

压力的往复纵振冲击,通过磨料的冲击以及由此产生的气蚀作用来去除材料。同时,磨料悬浮液在液压冲击的作用下不断循环流动,不断更新磨料并带走被去除下来的材料碎屑。随着加工工具的不断进给,实现对工件的磨削加工。

旋转超声加工是一种新型的复合加工方法,适用于岩石、玻璃、陶瓷基复合材料、碳纤维增强聚合物等脆性材料。而超声高频旋转冲击技术能通过加速硬质岩石的疲劳破坏、减少钻头的黏滑振动和合理利用共振能量,提高深层硬质地层的机械钻速,被广泛应用于工程破岩过程。早期的超声钻探设备是 NASA 针对未来的火星任务需要开发出来的,该设备质量仅为 450g,并可在 5W 的功率下驱动产生纵向振动。

超声旋转冲击设备包含 3 个主要部件:压电驱动器、自由质量和钻井工具。压电驱动器底部输出高频纵向振动并与自由质量碰撞。然后,自由质量撞击钻具,产生应力波,应力波传递到岩石,使钻杆穿透岩石。目前超声旋转冲击钻探器的执行器结构如图 5-2(a)所示,执行器将纵向振动传递到设备的前端,将椭圆振动传递到设备的后端。图 5-2(b)中显示了执行器的工作原理,在正弦电压的激励下,纵向振动传递到阶梯式执行器的前端,使得执行器与钻具发生谐振碰撞,完成钻具的冲击工作,钻具上有一个螺旋槽,用于清除岩屑,并由复位弹簧支撑。同时,LT 执行器将后端的纵向振动转化为纵向—扭转振动,并在 4 个驱动尖端末端形成椭圆轨迹,利用垂直预紧力提供的摩擦力驱动转子旋转,完成设备的旋转冲击。

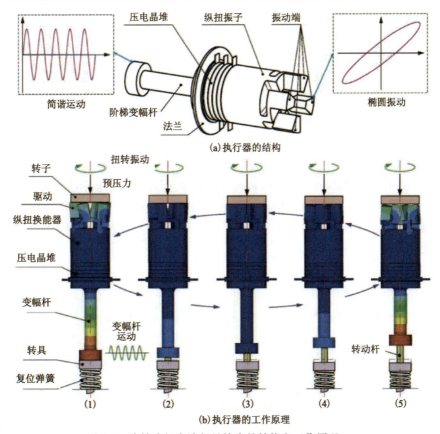

图 5-2 旋转式超声波行星钻头的结构和工作原理

旋转超声破岩技术相比传统技术的提升在于破岩效率与机械比能,针对超声旋转冲击技术的研究主要也集中在刀具的力学性能和岩屑的清除率提升方面。当前旋转超声破岩技术在地外的低温、低重力环境的作用机制有待进一步完善。为了提高超声破岩的能量利用效率,必须明确超声旋转破岩中的能量传递途径和能量利用,从而推动破岩的理论、技术和设备理论体系的完善。

5.2 超声波钻探装备及组成部分

目前,国内外研制的超声波钻探器依据作动方式主要分为 3 类:直驱式超声波钻探器、冲击式超声波钻探器和回转冲击式超声波钻探器。直驱式超声波钻探器研究得最早,由 JPL 提出,是一种适应于火星环境的超声波钻探器,具有低功耗、低钻压和耐温范围宽的工作特点。冲击式和回转冲击式超声波钻探器因在直驱式超声波钻探器的研究基础上致力于提高钻进取心率,而受到了广泛的关注,被定位于协助星体探测器和漫游车的钻探平台。超声波钻探器作为钻探平台对天体探测具有重要意义,主要体现在:

(1)超声波钻探器所需钻压力小、功耗低,可以极大地节省探测器的能源。

(2)超声波钻探器对不同硬度的硬脆性介质均具有很好的可钻性,这增加了采样地点选择的多样性。

(3)超声波钻探器可以产生完整的异型孔,有助于实现 10m 左右的钻进深度。

(4)超声波钻探器自身的声呐传感特点能够实现钻进过程的钻探一体化。

超声钻的振动系统主要由超声波发生器、超声换能器、变幅杆、自由质量及钻杆组成。超声振动系统能量传递效率的高低是评估系统好坏的一个重要指标。因此,在超声振动系统的设计中,保证超声振动系统中各杆件间的能量高效、稳定地传递,也是超声加工技术研究的关键问题。超声波在振动系统中能量的损耗主要来自两个方面:一是超声波在不同介质的交界面处传播时,会产生反射、折射和散射等现象,引起超声能量的损失;二是系统各部件对振动能量的吸收。因此,超声振动系统中材料的选择和各元件的有效连接显得尤为重要。目前研究得知,相互连接的两杆件的材料阻抗相等或相近时,超声波传递过程中产生的波大多为行波而驻波较少,有利于能量向前传递,因此,在振动系统各部件材料的选择上,须尽量使其声阻抗相等或相近。

5.2.1 超声波发生器

超声波发生器又叫超声波驱动电源、电子箱、控制箱,是大功率超声系统的重要组成部分。主要作用是产生与换能器相匹配的高频交流电流,驱动超声波换能器工作。一个完善的超声波发生器可保证大功率超声系统稳定、安全地工作,并可监控大功率超声系统的工作频率、功率等参数,同时能够根据用户不同要求,实时调整各种参数,如功率、振幅、运行时间等。超声波发生器无需设计,根据需要选择合适的型号即可。

5.2.2 超声换能器

超声换能器是超声振动系统的核心部件,功能是将超声发生器产生的超声频振荡信号转变为高频率的机械振荡。目前,常见的超声换能器按照所采用的换能材料主要分为两种:磁致伸缩换能器和压电换能器。虽然磁致伸缩换能器相比传统材料其电声转换效率已经很高了,但与压电换能器相比,其材料价格偏高,设计难度更大,转换效率相对较低。从实际应用角度来说,总是希望能量的传递效率尽可能地高一些,这就需要所设计的系统尽可能地质量轻、体积小、连接少、结构简单,以实现能量的最佳传输。超声换能器压电陶瓷晶堆部分压电陶瓷片的数目应为偶数,这样才能保证超声换能器最终得到正、负两个电极偶合部。图 5-3 为夹心式纵振压电换能器的结构简图。为了获得较大的振动幅度,一般将超声振动系统各个部分的固有频率设计为与超声波发生器所发频率相等的频率,使系统处于谐振状态。反映到振动系统各部分的尺寸上,即为使其各部分在超声波纵振方向上的长度尺寸为超声波发生器所产生的振动波的半波长或波长的整数倍。

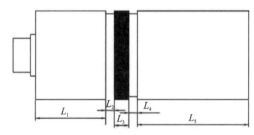

图 5-3 夹心式纵振压电换能器的结构简图

5.2.3 变幅杆

变幅杆又称超声变速杆、超声聚能器,它的作用是放大超声换能器所获得的超声振动振幅,以满足超声加工的需要。变幅杆之所以能放大振幅,是因为变幅杆沿长度上的任意截面的振动能量是不变的(不考虑传播损耗),即能量密度与截面面积成反比。常用的变幅杆有阶梯形、圆锥形、指数形、悬链形及复合变幅杆等几种形式。变幅杆的性能可以用很多参数来描述,如谐振频率、谐振长度、放大系数、形状因数、位移节点、应变极大点、输入力阻抗和弯曲劲度等。在大小直径比确定的情况下,阶梯形变幅杆的放大系数最大但应力集中明显;指数形变幅杆放大系数中等且性能稳定,但实际生产中不易制造;本书选用放大系数不高但性能稳定且易于制造的圆锥形变幅杆。

5.2.4 自由质量

自由质量是存在于变幅杆小端与钻杆顶端之间的一个金属块体,通过一定的几何形状将其限定在变幅杆小端与钻杆之间。带有自由质量的超声波钻探器的研究最初源于研发太空探测仪器。2001 年,NASA 及其下属的 JPL 研究的超声波/声波钻探采样 USDC 系统第一次将自由质量加入到超声钻探系统中。其工作原理:当超声波振动系统工作时,自由质量在变幅杆机械纵振的激励下,在变幅杆与钻杆的碰撞下做往复运动,其对钻具振幅及装置钻探速率有较大影响。当自由质量轴向活动空间控制在合适的范围内时,自由质量的往复振动频率将处于20kHz以下,实现超声波到声波能量的转化。

$$\bar{E} = \frac{\rho c_0 (2\pi f A)^2}{2} \tag{5-1}$$

式中:ρ为传播介质的密度,单位为kg/m^2;c_0为声波在介质中的传播速度,单位为m/s;A为声波振幅,单位为μm;f为声波的振动频率,单位为kHz。根据式(5-1),在不考虑能量耗散的情况下,振动频率的减小必然伴随着振幅的增大,这也是超声波/声波能量耦合能够放大振幅的原理。自由质量与振动系统属于无配合链接,其运动带有一定的自由性,又因其质量的大小对超声振动系统的影响不同,因而将其称为自由质量(free mass),自由质量多由45#钢或铝制成。

由相关文献可知,自由质量动量传递效率是影响钻探效率的关键,自由质量的形状对冲击影响效果明显。常见的自由质量有3种构型,分别为盘形自由质量、球形自由质量和环形自由质量。盘形自由质量和球形自由质量都是通过振动系统结构内壁限制其运动空间的,封闭式的导向设计使这两种自由质量的振动不易受到外界的干扰,图5-4为球形自由质量及约束结构。盘形自由质量为径高比较大的实心圆柱,其侧面与振动系统内壁的接触面积较大,在高频振动下,摩擦力大。同时,自由质量侧面与振动系统内壁存在一定的空隙,使其往复振动存在一定的偏转,增大摩擦力的同时降低了振动的稳定性。因此其能量的传递效率低,对振幅的放大效果不佳。球形自由质量为实心金属球,其与振动系统内壁的摩擦为滚动摩擦,摩擦力小。由于球形自由质量没有方向性,振动不存在偏转,冲击面近似点接触,振动传递稳定。但这两种自由质量由于在封闭的导向槽中,不利于对自由质量运动过程的研究。

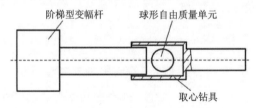

图5-4 球形自由质量及约束结构

环形自由质量为中心具有圆孔的环片,如图5-5所示。其中心孔穿过钻杆以使自由质量的主运动与振动系统纵振方向相同,变幅杆小端与钻杆台肩部位限制其运动空间。虽然环形自由质量相比其他两种自由质量来说,摩擦力偏大,振动容易受到外界的干扰,且中心杆与台肩结合处表面应力集中效应明显,易引起疲劳断裂,但由于环形自由质量处在开放空间中,便于观察和测量自由质量的运动状态,有利于耦合作用相关研究的开展。

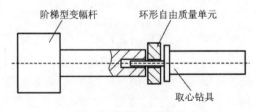

图5-5 环形自由质量

5.2.5 钻杆

在进行小功率或者加工精度要求不高的加工时,钻杆与变幅杆一般设计为可拆卸的,在涉及大功率及精密加工的超声系统中,往往将钻杆与变幅杆设计成一个整体。因本书所涉及的振动系统中加入了自由质量,因此采用可拆卸钻杆,方便自由质量单元的安装。考虑到加工方便和材料的实用性,选取的钻杆材料为 45# 钢。在钻杆的尺寸设计中,不仅需要考虑钻杆的主要尺寸设计,同样应当考虑限制自由质量部分的设计,则其结构需要包括 3 个部分:钻探部分、限制自由质量部分与变幅杆连接部分。由于连接部分组装后深入变幅杆,成为变幅杆的一部分,其长度不在钻杆共振长度的计算中。在进行理论计算和仿真分析时,不考虑链接部分的设计。钻探部分为一细长直杆,连接自由质量部分包括一支撑自由质量的台肩及自由质量导向部分,其结构如图 5-6 所示。

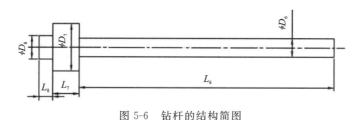

图 5-6 钻杆的结构简图

5.3 超声波破岩机理

在钻探行业中,普通的回转钻进方法在硬岩钻进过程中存在钻进效率低、钻头磨损严重等问题,超声波振动碎岩技术作为一种新型、高效的振动碎岩方法,以其独特的优势成为太空取样钻探技术的研究热点方向。在超声波载荷从外部传递至岩石内部的过程中,岩石内部质点不断经历拉伸变形、剪切变形与压缩变形的交替作用,导致质点产生与声波频率不同的振动位移。虽然超声波的振幅仅能达到几十微米,岩石内部质点的振动速度与位移响应偏小,但质点的加速度与超声波振动频度的平方成正比,因此超声波振动载荷可以对岩石内部造成大的损伤破坏。

超声波是一种波长极短的机械波,可分为纵波和横波两种。纵波传播方向平行于质点振动方向,岩石内部有伸缩变形产生;横波传播方向垂直于质点振动方向,岩石内部有剪切变形产生,超声波传递过程平面示意图如图 5-7 所示。

在超声波作用下,岩石介质会不断产生强烈的拉伸、压缩及剪切变形,在这些力的共同作用下,岩石内部的颗粒边界、内部天然裂隙或矿物节理等微结构面处萌生裂纹。这是由岩石内部天然存在的非均质性决定的,这与岩石的种类、构造、颗粒尺寸以及矿物成分有关。随着裂纹的起裂、扩展与连通等一系列行为的连续发生,岩石产生整体破坏。

岩石在超声波交变载荷的反复作用下会产生疲劳裂纹并不断扩展合并,最后发生失稳断裂,即疲劳破坏。由于与其他碎岩方式相比,超声波载荷的振动频率可以达到几万赫兹,故在

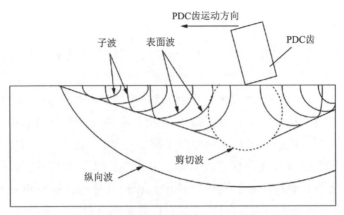

图 5-7　超声波在破岩过程中的传递过程平面示意图

超声波振动载荷作用下岩石疲劳裂纹的形成与扩展具有隐蔽性及突发性等特点。超声波振动载荷在破碎岩石时具有高循环次数特性,使裂纹扩展速度加快,短时间内达到疲劳极限,故在超声波载荷作用下岩石的疲劳断裂具有特殊性。岩石裂纹扩展过程分为微裂纹的成核与扩展、宏观裂纹扩展、断裂失稳 3 个阶段,如图 5-8 所示。

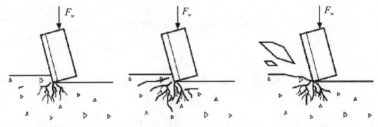

图 5-8　岩石在超声波载荷(F_w)作用下产生的疲劳损伤

在超声振动破岩机理方面,孟庆荣(2018)从冲击碎岩与共振碎岩两个方面分析了超声振动破岩机制,提出了影响超声振动破岩的因素;黄家根等(2018)建立超声振动钻进力学模型,通过对模型进行分析,得到不同振动参数对钻进效率的影响规律。吉林大学赵大军团队以花岗岩为主要研究对象,开展了一系列研究,包括翟国兵(2016)首次通过超声振动碎岩试验分析了钻压对破碎效果的影响,发现存在最佳静压,使得岩石破坏效果和能量效率达到最大;尹崧宇(2017)采用第二、第三强度理论建立超声振动激励下岩石裂纹起裂准则;孙梓航(2017)研制了超声振动碎岩试验台,在此基础上研究了振动频率对岩石强度和损伤的影响;袁鹏(2020)通过正交试验,分别以孔隙度损伤比和强度损伤比,得到影响岩石破碎的最优参数组合;张书磊(2019)研究了超声振动下岩石的细观裂纹演化特征,综合考虑超声振动与热效应,揭示了花岗岩在超声振动下的破碎机制;周宇(2020)构建了超声振动下岩石疲劳损伤本构模型,结合 PFC 数值模拟软件分析了岩石损伤破坏特征。汪洋(2017)设计了超声振动破岩试验系统,分析了不同换能器功率下岩石的强度变化和破碎规律。田仲喜(2018)在此基础上拓展研究,分析了功率、静载力以及受载面对岩石破碎的影响规律。文杰(2019)对超声波建立了超声波激励与振动复合冲击破岩动力学模型,分析岩石内部质点位移的变化特征,并通过数值模拟发现共振状态下质点位移增大了40%。王选琳(2019)选取大理岩、红砂岩、灰岩和花岗岩4种岩石,研究了超声振动激励下岩石的裂纹扩展规律,发现不同岩石均产生张拉型裂隙。李晓辉(2019)研究了不同尺寸红砂岩受到超声振动激励后的空间响应规律,结果显示,尺寸越小产生的加速度越大,加速度随着深度不断衰减。

5.4 超声波钻探工艺

5.4.1 超声波钻探器破碎岩石过程分析

1. 钻进对象分析

回转冲击超声波钻探器以获取岩石样品为目标。岩石抗压强度指岩石在达到破坏前所能承受的最大压应力。而岩石硬度是指岩石抵抗外部载荷不被侵入和破碎的能力。以月岩为钻进对象,月球表面及其风化层广泛分布着尺度较大的块状岩石,如图5-9中玉兔2号附近月岩。

图5-9 玉兔2号月球车及附近月岩分布

月岩可分为4类:①玄武质火山岩,包括熔岩流和火山碎屑岩(火山灰);②原始岩石月球高地,即高地岩石在被撞击后,由原始的月球物质通过冲击作用混合形成未受污染的组合物;③复杂的多态性角砾岩,由于撞击而粉碎,然后混合和重新生成于月球表面;④月壤内部的碎片,由未固结的月壤碎片覆盖于月球表面风化层。所有月岩最初都是火成岩,它们是岩浆冷却熔融形成的。岩石大多由辉石、橄榄石、斜长石、钛铁矿和二氧化硅矿物(鳞石英或方石英)组成。

美国阿波罗登月(Apollo)计划获得的月岩样品如图5-10所示。根据现有资料已知月海玄武岩较为疏松,其密度为3.26~3.51g/cm³。

通过分析可得知,在未来的探测任务中,回转冲击超声波钻探器的主要钻进对象为硬岩。超声波钻探器钻进过程中,岩石的主要破碎形式为动态冲击破碎,冲击破碎岩石同回转运动及超声波冲击下破碎岩石在破碎机理上也略有不同。实验中使用的岩石为砂岩,可以有效地模拟超声波钻探器的钻进过程。

(a)斜长岩　　　　　　　　(b)多孔玄武岩　　　　　　　　(c)角砾岩

图 5-10　美国阿波罗登月计划获得的月岩样品

2. 钻具破碎岩石过程分析

岩石是一种多物质构成的矿物集合,存在较强的非线性以及各向异性。岩石自身结构中存在微裂纹、断层和缺陷等,在外部循环载荷作用下,岩石内部微裂纹不断累积、扩张,最后造成疲劳失效,产生岩石破碎。在受到外部周期循环载荷作用的情况下,岩石在远低于静压强度载荷的阈值时,发生岩石破碎的现象称为疲劳损伤。岩石的疲劳损伤过程为由微观损伤逐渐发展、积累,直至岩石破坏的过程。超声波钻探器钻具利用高频振动破碎岩石时,受到超声波频率的应力以及应变的反复周期性作用,岩石在该种情况下的破碎属于疲劳破碎。从微观看,岩石的疲劳破碎过程是缺陷和微裂纹在外力作用下逐渐发育、扩展,裂纹长度和尺寸逐渐增大,最后岩石发生破坏的过程。在外部载荷的周期反复作用下,岩石的损坏程度随着循环载荷施加次数的增加和载荷值的增大而增大,当达到岩石疲劳破坏极限时,发生破坏。

5.4.2　岩屑输送过程分析

在回转冲击超声波钻探器钻进岩石的过程中,钻头在超声波冲击作用下破碎岩石,钻具螺旋槽通过回转运动排出岩石碎屑,如图 5-11(a)所示。传统的螺旋输送理论将破碎后的岩屑假设为连续体,通过对岩屑微元进行受力分析,获得钻具的输送量以及负载等参数。然而,回转冲击超声波钻探器钻具中的岩屑不仅受螺旋输送过程的影响还受到超声波冲击振动的影响。岩屑运动过程如图 5-11(b)所示。岩屑不但进行螺旋上升运动还进行轴向跳跃运动。

5.4.3　钻探效率影响因素

1. 钻压力对钻探效率的影响

利用超声波钻探采样装置,通过高频冲击对岩石等脆硬性材料产生破坏,相比传统回转钻探功耗低。根据超声波驱动单元等效网络模型的分析,钻压力决定超声驱动单元输入输出阻抗、超声波换能器的谐振频率及工作功率。根据超声波钻探采样器工作原理可知,钻压力也影响自由质量及取心钻具振动位移,决定弹簧刚度预紧力。综合表明,钻压力对纵振钻探效率影响显著。

5 超声波钻探

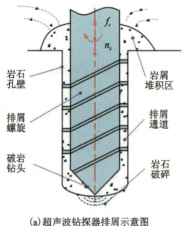 

(a) 超声波钻探器排屑示意图　　(b) 超声波钻探器振动排屑

f_z.振动频率；n_z.转速。

图 5-11　回转冲击超声波钻探器排屑过程分析

2. 摩擦对钻探效率的影响

利用纵振钻探的超声波钻探采样器，钻具与岩壁摩擦及自由质量的碰撞动量损失是能量损耗的主要途径。根据 Bowden 和 Tabor(1956) 提出的黏着摩擦理论黏着摩擦系数为

$$\mu = \frac{A_{\text{fric}} \tau}{F_{\text{direc}}} \tag{5-2}$$

式中：μ 为黏着摩擦系数，无量纲；A_{fric} 为接触面积，单位为 m^2；τ 为表面黏着剪切力，单位为 Pa；F_{direc} 为表面法相载荷，单位为 N。

由式(5-2)可知，表面摩擦力与作用面积成正比。依靠纯纵振的超声波钻探采样器，随着钻进深入钻具外表面与岩壁接触面积增大，黏着摩擦系数增大，依靠纵振的往复式振动钻探阻力增大，影响钻探效率。

3. 自由质量对钻探效率的影响

自由质量对超声波钻探采样装置振幅起到二次放大作用。自由质量负责变幅杆与钻具之间的能量传递。减少自由质量在传递过程中能量损耗及动量传递效率，是提高钻探效率的关键。球形自由质量冲击力大，导致变幅杆端面及钻具产生冲击成型，影响动量传递效果，冲击情况如图 5-12 所示。克服自由质量对钻具冲击成型效应是提高钻探效率需要考虑的一个问题。

4. 排屑对钻探效率的影响

依靠纯超声纵振钻探，钻具无螺旋排屑，随着钻削深入，堆积的岩屑易造成二次破碎，阻碍钻探深入。当钻探较浅的时候，受到高频冲击破碎的岩屑，可随钻探冲击能量飞溅出来，岩屑堆积在钻具周围，排屑示意图如图 5-13(a) 所示。试验现象表明，外阶梯钻具有利于岩屑飞溅。同时，钻具底端及侧壁引起空气振动对岩屑排除起到一定作用。等径钻具钻削过程，钻

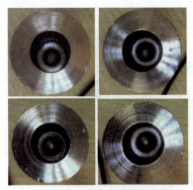 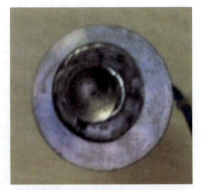

(a) 钻具内受自由质量冲击效果　　　　(b) 变幅杆端面受自由质量冲击效果

图 5-12　钻探试验后自由质量对钻具及换能器的冲击情况

具受到自由质量冲击,表面具有超声运移特性,破碎岩屑经过钻具表面向上运移外出,如图 5-13(b)所示。综上所述,外阶梯钻具与等径钻具都面临着深度钻削及岩屑堆积导致排屑不畅的问题。

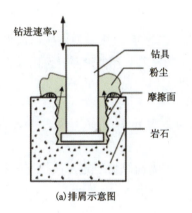 

(a) 排屑示意图　　　　　　　　　(b) 钻具岩屑运移情况

图 5-13　超声纵振钻探排屑

5.5　超声波钻探应用

5.5.1　超声锚

为了满足锚固腿式和轮式漫游车的需要,超声波钻探设备提供了在低轴向荷载下运行的充气结构和着陆器。在外星球低重力环境下和地形崎岖的陡峭高山上,必须使用这种轻质量和相对低功率性能的设备来提供平台。用改进的超声波取样器装置,既可以设计并制造超声波锚,实现对物体在介质上的牢固锚固;又能通过运行该取样器进行锤击操作,从而安全地取出已锚固在介质上的超声波锚,此过程中可有效避免可能出现的人为干扰。2005 年,JPL 提出将轻型超声波钻探器安装于星球巡视车上,以拓展星球巡视车工作空间。此装置具有上、下两个自由质量,可实现超声锚的钻入与提出两个过程。试验样机在石灰石上钻削一个直径 9mm、深 17mm 的孔,可承受 16N·m 弯矩,样机如图 5-14 所示。

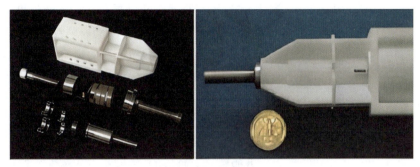

图 5-14　超声锚样机

5.5.2　冰层探测器

基于超声波钻探器原理的冰层探测器,采用直径 6.4cm 的钻头,可在 −60℃ 环境下成功潜入 1.76m 的深冰层。此装置中超声压电换能器直径略小于钻头直径,钻头中空,当达到一定深度后,钻探器将冰提起取出冰层样本,再将探测器放下,重复以上两个步骤,以达到预期深度,原理及样机如图 5-15 所示。

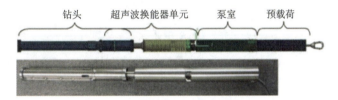

图 5-15　冰层探测器原理及样机

5.5.3　回转超声波钻探器

为了提高钻探效率,拟将新型超声波钻探器的压电换能部件与传统回转钻机相结合。试验表明,采用外径 6.4mm 的钻头,在消耗相同的 160W 功率的情况下,超声波辅助钻探的钻削效率是单一回转钻削效率的 10 倍。回转超声波钻如图 5-16 所示。

图 5-16　回转超声波钻

5.5.4　土层夯实贯入器

最近,有人提出使用低轴向荷载、直径 3.18～4.76mm 的探针,贯入大约 1m 厚的夯实土,但使用推杆需要较大的力,很容易导致探针弯曲。目前研发了一种新型超声波冲击贯入器,经验证它极大地减小了所需的推力。新型超声波冲击贯入器所体现的性能表明,贯入 1m 厚的夯实土所需的推动力从 180N 减小至 6.3N。仿真分析结果包括模态分析和冲击分析,模态分析确定变幅杆的直径和共振频率范围。同时,也用该分析结果来调整超声波变幅杆的直径,以便中性面与安装面匹配,避免驱动器支撑结构上传感器振动的影响,决定自由块和变幅杆之间相互作用的冲击分析,用于确定自由块的最佳质量。

5.5.5 超声波/声波取样钻

超声激励太空取样钻基于超声波/声波能量耦合原理,利用压电材料的逆压电效应,以压电陶瓷作为驱动元件,将超高频的交流电能转换为机械能,产生超声波频率的振动,变幅杆将此振动放大,自由质量持续不断地碰撞冲击钻杆,将更多的能量传递给钻杆,最后通过钻杆将此高频振动传递到岩石表面,通过持续的高频振动冲击来实现碎岩取样的目的。超声波/声波取样钻主要由超声致动器(预紧力螺栓、后盖板、压电陶瓷、变幅杆)、自由质量、钻杆 3 个部分组成,如图 5-17 所示。

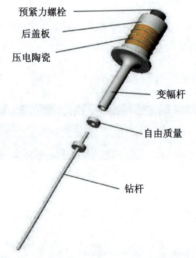

图 5-17 超声波/声波取样钻结构示意图

超声波/声波取样钻在工作过程中,自由质量依靠超声致动器的激励和振动耦合在变幅杆与钻杆之间做声波频率的往复碰撞,自由质量的往复碰撞和冲击,将超声致动器超高频的振动转换成较低频率的振动冲击,实现超声波/声波能量的耦合,钻杆获得足够多的声波频域的振动能量,传递到钻头与岩石接触面。当这种冲击强度超过岩石的压溃强度时,与钻头接触部位的岩石就破碎了。在整个工作过程中,钻杆承受一定频率范围的冲击,并将此冲击能量传递到岩石表面,钻杆在冲击激励下的响应特性对于振动能量的传递有重要影响。

6 热熔钻探

20世纪由于极地考察和冰川学研究的需要,冰层取心钻探成为极地研究最重要、最有效的方法之一,在几十年的极地开发研究中,人们创造并应用了一种新的岩石破碎方法——热熔碎岩法,并依据这一方法研制开发了热熔钻具。

热熔钻进的方法是用环形或炮弹形高温压头紧压在孔底岩石表面上,通过热传导来加热岩石,在热的作用下使岩石成分的团聚状态发生改变,导致其熔化,从而形成钻孔。

热熔钻进法钻进的效果主要取决于岩石的熔化温度及其热物理性质,如熔化单位岩石所需的热量、岩石的黏结性、热传导性等,而与岩石的力学性质无关。在一定条件下,对大多数由多成分组成、熔化温度在1000～1700℃范围内的岩石而言,热熔钻进法具有普遍通用性。依据岩石的热熔钻进法特性,可把岩石分成低温型(硫化物矿石、盐岩)和高温型(花岗岩、页岩),致密型和疏松型,有结合力型和松散型。热熔钻进法在松软的、弱结合力的和松散(粒状)的岩石中最有效(如砂质泥土质地层、砂层、细砾层、卵石层),在钻进的同时,岩石被熔化成玻璃状,使孔壁得以加固而不必使用套管。当然,也有一些岩石(如石灰岩、白云岩、大理岩)用热熔钻进法的效果不好,它们在加热时会有气态物质和难熔的元素分离出来。因此应综合考虑地层结构和技术条件,并按技术经济指标来确定热熔钻进法的合理应用范围。

6.1 热熔钻探基本原理

6.1.1 热熔钻探的概念

热熔钻进法最基本的原理就是热熔作用,即利用特殊材料制作的既能产生高温又能耐高温的热熔钻头,将其挤压在孔底岩石的表面,通过热传导作用与热辐射作用(主要是前者),使岩石成分的团聚状态发生改变而导致其熔化。热熔作用的效果主要取决于岩石的熔化温度及其热物理性质(如熔化单位岩石所需的热量和岩石的热传导性等),基本上与岩石的力学性质关联不大。

热熔钻进法就是依据上述的热熔作用,利用能够产生高温的钻具对孔壁岩石进行加热,然后通过对孔壁不断的挤压作用形成圆形截面,再随着钻具的轴向移动逐步扩展形成一个钻孔。

6.1.2 热熔钻具及电热元件

热熔钻具由正负电极及接头、心杆、热熔器等部分组成(图 6-1)。其中热熔器又称为热熔钻头,由正电极、电热元件、热熔器本体、钻头外壳等组成,是热熔钻具的核心部件。热熔钻具的正电极通过心杆与上部的接线端子连接,接电源正极;钻头外壳通过钻具与电源负极连接;在热熔钻头(即热熔器)内部,若干电热元件叠加组合形成发热体,发热体一端与正电极连接,负极通过外壳连接电源负极,因此形成加热回路,使电热元件不断发热产生高温,并通过热熔器本体和钻头外壳传导给岩土体,从而产生热熔作用。

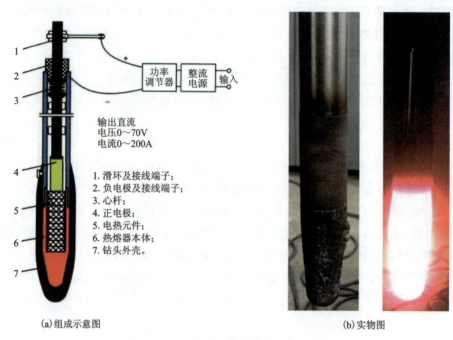

图 6-1 热熔钻具

为了获得良好的热熔效果,需要电热元件具有高的电热效率,同时具有良好的电阻温度稳定特性,以确保在高温状态下电阻不会发生明显变化,使工作电流保持稳定,从而便于控制温度。另外,要求钻头外壳材料在高温状态下保持较高的机械强度,以实现对岩石的挤压作用;要求电热元件、热熔器本体、钻头外壳等部件的材料具有良好的抗高温氧化能力,以免过早失效。

常用的电热元件材料分为金属材料和非金属材料,金属材料包括钼、钨、钽、镍铬合金等,非金属材料包括石墨、碳化硅、二氧化钼等。在这些电热材料中,综合考虑性能稳定性和价格因素,发现石墨是一种性能优良且成本较低的材料,具有优良的导电和导热性能,电热效能高,导热性能好,能够快速传递热量,适合于制作高温大功率的电热部件。

电阻温度系数是电热材料的一个重要参数,反映了电热元件在不同温度下电阻值的变化,电阻温度系数越大,随温度升高,电阻的变化就越大,从而严重影响功率的稳定性,使得电热元件的工作变得极不稳定。几种电热材料的电阻温度系数分别为石墨 $126\times10^{-5}/℃$、钼

6 热熔钻探

$471\times10^{-5}/℃$、钨 $482\times10^{-5}/℃$、钽 $399\times10^{-5}/℃$,由此可以看出石墨的电阻温度系数最小,石墨电热元件具有较好的高温工作性能稳定性。

另外,石墨作为一种非金属电热材料,质软易于加工成型,在2500℃以下随着温度的升高机械强度不断提高,其可加工性和高温机械强度比其他钨钼钽类材料好,这也是石墨成为电热元件首选材料的原因之一。

6.1.3 热熔钻探的优点

热熔钻进法与传统的机械碎岩钻进法相比,具有以下优点。

(1)利用承重电缆或软管电缆实现无钻杆钻进,简化了复杂的钻进设备,无复杂的机械传动装置,孔底能量传递效率高,减少了钻进过程中的材料消耗,简化了钻进工艺,有利于提高成孔速度,降低劳动强度。

(2)由于热熔钻进法具有普遍适用性,尤其是在松软、弱结合力和不稳定地层钻进时,岩石熔化形成高强度的硬外壳,可代替套管加固孔壁,简化了钻孔结构,可大幅度降低套管及堵漏材料的消耗。

(3)热熔钻进法应用简单方便,节约材料,不污染环境,可以获得良好的综合钻探效益。

6.2 热熔钻探装备及组成部分

6.2.1 热熔冰心钻具

热熔钻进法最早来源于热熔法冰层钻进,其中有代表性的钻具是俄罗斯的ТБЗС-152M型热熔冰心钻具,其结构示意图如图6-2所示。

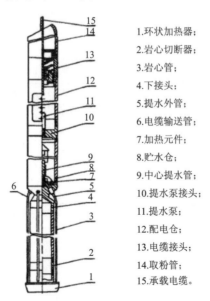

1. 环状加热器;
2. 岩心切断器;
3. 岩心管;
4. 下接头;
5. 提水外管;
6. 电缆输送管;
7. 加热元件;
8. 贮水仓;
9. 中心提水管;
10. 提水泵接头;
11. 提水泵;
12. 配电仓;
13. 电缆接头;
14. 取粉管;
15. 承载电缆。

图6-2 ТБЗС-152M型热熔冰心钻具结构示意图

电能沿承载电缆输送到钻具,由 3 个独立的动力电路组成。此外在钻具中为预防事故设置了安全装置,可以在卡钻时迅速解开电缆或钻具的自由端。钻具的工作过程如下:环状加热器(热熔钻头)利用热熔钻具的部分质量加压并热熔冰层,由于热熔钻具依靠承载电缆提吊,只需部分钻具的质量施加钻压在钻头上即可满足钻进要求,在孔底形成环状岩心(冰柱)并进入岩心管内。钻进过程中产生的水随注入孔内护壁液在提水泵作用下,在孔底循环,沿提水管进入贮水仓。在贮水仓中间有加热管,在其上部,护壁液和水流出后,空间增大,液流速度急剧降低,护壁液和水由于密度不同而产生分离,充满贮水仓。岩心管内充满岩心后,轻提钻具,3 副岩心切断器切断岩心并支撑着岩心柱。钻具提到地表取出岩心,并利用专门的放水孔放出贮水仓内的水。电缆由 7 根断面积 2.5mm² 的带氟塑料绝缘层的铜丝组成,外包聚酯合成纤维薄层,最外层为双层 U 1.1mm 的镀锌钢丝网。电缆外径 16.5mm,拉断应力 95kN,最大电压 1000V,工作温度 −60~180℃,质量 894kg/1000m。

表 6-1 为 ТБЗС 系列钻具的性能参数。这种钻具在南极和北极使用效果很好。总进尺达 2000 米,冰层温度 −57~−43℃,钻孔直径 154.5mm,岩心(冰心)直径 110mm,冰心采取率 99%,机械钻速 2.0m/h,提水量 10L/m,回次长度 2.0m。

表 6-1 ТБЗС 系列钻具的性能参数

指标		ТБЗС-15М	ТБЗС-152-2М	ТБЗС-132
钻进孔深/m		2000	4000	4000
钻孔直径/mm		155	155	135
岩心直径/mm		110	110	90
环状加热器	外径/内径/mm	152/112	152/112	132/92
	功率/kW	2.5~3.0	3.0~3.5	2.5~3.0
岩心管	外径/内径/mm	127/118	127/118	108/99
	长度/mm	2000	3000	3000
贮水仓	外径/内径/mm	146/137	146/137	127/118
	长度/mm	2000	3000	3400
	有效容积/L	25	40	35
泵	类型	ЭТВ-91	ЭТВ-91Б	ЭТВ-91Б
	泵量/(L·min⁻¹)	30	30	30
	压力/MPa	0.01	0.01	0.01
	功率/W	200	200	200
总功率/kW		5.0~6.0	6.0~7.0	5.5~6.0
机械钻速/(m·h⁻¹)		20	—	—
钻具长度/mm		5500	7500	7900
钻具质量/kg		170	200	170

俄罗斯的热熔钻具可分为电热干孔钻具和电热洗孔取心钻具两种(图 6-3),它们的结构与工作原理有一些区别。

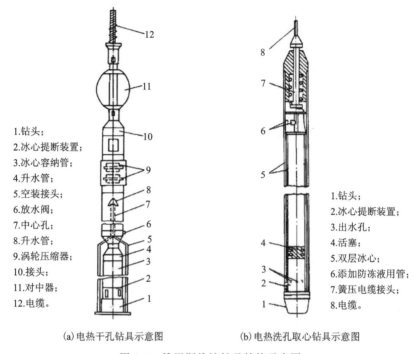

图 6-3 俄罗斯热熔钻具结构示意图

(1)电热干孔钻具。这种钻具在完成一个回次的钻进后,钻具提到地表,放出积水。

(2)电热洗孔取心钻具。这种钻具在下钻前通过添加防冻液,用管向钻具内加入必要浓度的乙醇(或其他相应低温冲洗液),起油箱活动底座作用的活塞在冰心内管中处于较低位置。在熔化钻进过程中,活塞上移,通过内、外管之间的环状间隙把乙醇压到孔底。乙醇与融化的水混合,形成不冻结的冲洗液体。当冰心容纳管充满冰心后,钻具提到地表,重新注入乙醇,如此重复。

俄罗斯ТБ3С钻具的技术特性为钻孔直径 120mm,加热装置内、外管直径分别为 84mm、108mm,冰心直径 80mm,冰心管长度 1000～3000mm,钻具长度 1500～4000mm,钻具质量 20～80kg,要求功率 1～4kW,平均钻速 115～410m/h。

当然,除了热熔钻孔外,在南极进行深孔冰钻和在其他地层中一样涉及孔壁的稳定问题。随着孔深增加,冰层压力增加,钻孔缩径现象在冰层钻进中尤其明显,而通常使用的稳定液中因水分含量大,在低温下会结冰,故在南极需采用特殊的稳定液(护壁液)。在多年的实践中,各国的泥浆专家们一致认为在极地的低温条件下,护壁液应满足以下条件:①冰层中随孔深增加温度逐渐升高,最低温度约 -60℃,要求护壁液在这种低温条件下性质不变。②由于温度变化较大,则须温度改变时密度保持不变,一般为 910～980kg/m³。③为使起下钻具快速,减少循环中水力损失,要求护壁液黏度低,一般为 $(21\sim37)\times10^{-4}$m²/s。④稳定性好,要求在测试仪器中上端和下端的密度值相差不大,与水和冰无化学反应。

6.2.2 热熔钻进试验系统

为了研究热熔钻进的原理与过程,根据需要搭建了热熔钻进试验系统,可以开展热熔法碎岩机理、热能传递模型与规律、温度场的分布规律、热熔法对各种岩层钻进的效率与适应性等相关的研究。热熔钻进试验系统的功能就是模拟热熔钻进的过程,采集钻进过程中的钻压、工作电流、热熔钻头温度及周围温度场的分布等参数,分析计算热熔钻进过程的效率与影响因素。

热熔钻进试验系统包括钻机、热熔钻具(包括热熔钻头与钻杆)、直流电源、红外测温仪以及计算机数据采集与控制系统等,如图6-4和图6-5所示。

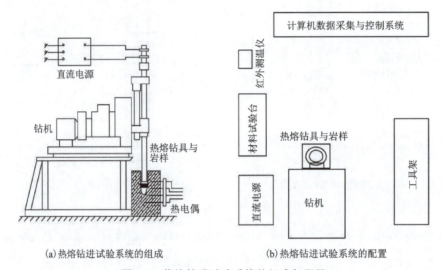

(a) 热熔钻进试验系统的组成　　　　(b) 热熔钻进试验系统的配置

图 6-4　热熔钻进试验系统的组成与配置

图 6-5　热熔钻进试验系统的实物图

钻机的作用是提供一定的轴向压力使热熔钻头与岩石面紧贴挤压以利于传导热量而软化岩石，同时产生进给运动。考虑到小型化和轻便化的要求，可选用XY-1/2型立轴式钻机或小型动力头式钻机，采用卡盘夹持钻具，利用进给机构（油缸横梁机构或油缸链条机构）提供轴向压力并完成进给运动。

热熔钻具包括热熔钻头和钻杆。热熔钻头的作用是利用电热效应，通过发热体（热解石墨）将电能转换为热能。热解石墨在低压大电流电场的作用下会发热，其发热量与通过的电流平方成正比，从而产生高温（可达1800℃以上）。钻头壳体具有很高的热传导系数和耐高温特性，通过热传导和热辐射作用，将巨大的热能传递到与钻头接触的岩石中，产生热熔作用使孔壁岩石部分或全部达到熔化状态从而形成钻孔。

热熔钻头与钻杆连接，组合形成热熔钻具。通过钻杆施加轴向力，同时钻杆的内外管分别作为正负电极为钻头提供电流通路。

直流电源用于向热熔钻头提供电能，其工作参数需要根据钻头的参数来配置，并且在试验过程中可以进行调节（通过调节工作电流来改变热熔钻头的发热功率）。根据热熔钻进实验的需要，直流电源的额定参数为70V/200A，并且具有调节电流与稳流的功能。

红外测温仪用于测量热熔钻头表面的温度，建立钻头温度与工作电流之间的关系，为实验过程中钻头工作电流的调节提供依据。依据热熔钻头的最高工作温度以及实验的测温范围，确定红外测温仪的测温区间为600~2400℃。

计算机数据采集与控制系统的功能是在实验过程中，实时采集钻进过程中有关热熔钻头的温度、电功率消耗、机械钻速等参数，并进行保存与显示，生成数据文件，以便于进一步的数据处理与分析。

6.2.3 热熔钻头（热熔器）

热熔钻具结构示意图如图6-6所示，其最下部为热熔钻头（热熔器）。图6-6中1为钻头外壳；加热装置2由热解石墨制成，利用由氮化硼制成的高温电绝缘装置4固定在钻头外壳内；为了增加散热率，钻头外壳内部有石墨屏蔽3；加热装置和受热装置间充有惰性气体（氩气）；加热装置由一套石墨片组成，并用供电电极压向钻头壳体；沿着承载供电外管8和供电供气内管12，通过高温供电装置（接头6）向加热装置供给电流；通过用螺栓10固定在内外供电管上的铜母线11从电源部分供给电流；电绝缘装置14是压紧内管的活动装置，用活动螺帽13固定；当接通电源后，加热装置（发热体）即开始通过电流加热升温，并逐渐达到工作温度。

热熔器作为热熔钻进法的关键核心机具，其性能好坏对热熔钻进法的实施效果至关重要。热熔器又称为热熔钻头，外观大致为炮弹形状，包括钻头外壳和发热体两部分，前者是钻头的外壳和支撑骨架，后者是电热转换元件。

热熔器的设计需要考虑以下问题。

(1) 热熔器壳体应采用耐高温材料，其工作时最高温度可达1700℃，在此温度下应保持其正常的力学性能和导热性能，实现热能的传动和钻进力的作用。

(2) 热熔器具有良好的导热性能，即热熔器壳体应能将壳体内的热能传到钻头周围的岩

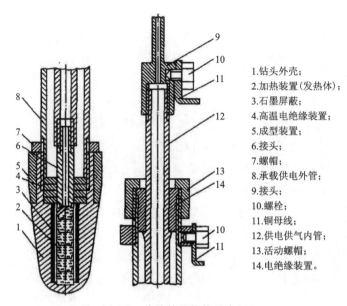

图 6-6 热熔钻具结构示意图

1. 钻头外壳；
2. 加热装置(发热体)；
3. 石墨屏蔽；
4. 高温电绝缘装置；
5. 成型装置；
6. 接头；
7. 螺帽；
8. 承载供电外管；
9. 接头；
10. 螺栓；
11. 铜母线；
12. 供电供气内管；
13. 活动螺帽；
14. 电绝缘装置。

土中；同时，外壳材料在高温下不易氧化，不与熔融的介质(土中的各种成分)产生化学反应。

（3）热熔器应有流线形的外形，能够保证形成平整且光滑的孔壁；在热熔器结构上应有扩孔器，以保证钻孔的形状和尺寸。

（4）热熔器在高温条件下应保持良好的绝缘性能和抗氧化性能，各部件耐热和抗震动。

（5）热熔器发热体应具有高的电热转换效率，良好的耐高温烧蚀性能。

由于热熔器处于1000℃以上的工作条件，常见的金属或合金材料难以稳定可靠地工作，目前一般采用耐高温的钼合金、铼钼合金等作为热熔器的壳体，但这类材料工作一段时间后，热熔器均会发生不同程度的氧化现象。20 世纪 90 年代，俄罗斯圣彼得堡矿业大学采用在石墨中以气相沉积法加入 Si、Si+SiC(渗硅石墨)的方法，获得了较理想的非金属热熔器壳体材料，其热学性能如表 6-2 所示。

表 6-2 非金属热熔器壳体材料的热学性能

材质	熔点/℃	线膨胀系数/$(10^{-6} \cdot ℃^{-1})$	热导率/$(W \cdot m^{-1} \cdot ℃^{-1})$	综合性能
Al_2O_3	2050	8.6(20~1000℃)	5.44(1200℃)	耐高温、高强度、硬度大、抗氧化、电绝缘、耐腐蚀、气密性好、中等抗热震性等
ZrO_2	2710	10(20~1000℃)	2.51(1200℃)	耐高温、较高的机械强度、抗氧化、高温时不绝缘、有导电性能
BN	3000	7.5(20~1000℃)	15.07(300℃)	氧化气氛中能耐900℃以下的温度
SiC	2700	5.9(20~1000℃)	2.51(1200℃)	在800~1100℃之间抗氧化能力较差
B_4C	2450	4.5(20~1000℃)	82.9(425℃)	温度高于900℃时氧化

续表 6-2

材质	熔点/℃	线膨胀系数/$(10^{-6} \cdot ℃^{-1})$	热导率/$(W \cdot m^{-1} \cdot ℃^{-1})$	综合性能
Si_3N_4	1900	2.5(20~1000℃)	17.17(200℃)	抗氧化能力较差
$Si_3N_4 + Al_2O_3$	1700	3(20~1600℃)	—	氧化气氛中能耐1600℃以下的温度，其他性能较优

热熔器发热体作为热熔器的另一重要部件，其作用是将电能转换为热能，通常选用热解石墨作为加热电阻。热解石墨是一种性能优良的耐高温材料（耐高温1800℃以上），具有耐腐蚀、高纯度以及各向异性的特点，其主要性能参数如表6-3所示。

表 6-3 热解石墨的主要性能参数

方向	密度/$(g \cdot cm^{-3})$	电阻率/$(\Omega \cdot cm)$	热导率/$(W \cdot cm^{-1} \cdot ℃^{-1})$	抗拉强度/MPa	弹性模量/MPa
平行于沉积面	2.2	$(2~4) \times 10^{-4}$	1.7~4.2	100~150	$(3~4) \times 10^4$
垂直于沉积面	—	$(2~5) \times 10^{-1}$	1.7~4.2	极弱	—

6.3 热熔钻进机理

6.3.1 热熔钻进的基本过程

下面结合一种热熔钻具说明热熔钻进法的原理与过程。由于这种钻具是在上提过程中完成固孔的，故称为上提式热熔钻具，其工作原理图如图6-7所示。

通电后高温加热元件6产生的热被传到孔壁岩石中，使其处于热应力状态之下。易熔胶结材料12在高温作用下熔化，在提钻过程中，在岩石致密化和孔壁挤压机构10的作用下，即在轴压（径向压力）作用下被压入岩石中，在成型装置1的作用下成型，冷却后形成圆筒形硬壳。

热熔钻进法钻进松散岩石的理论研究表明，在孔壁周围形成的环状硬壳厚度（ΔR）与钻孔终孔半径（r_0）有关，即

$$\Delta R = r_0 \cdot \sqrt{\frac{\rho_{(石英)} - \rho_{(岩石)}}{\rho_{(石英)} + \rho_{(岩石)} - 2\rho_{(岩石)}[1 - G - W_{(岩石)} - W'_{(岩石)} - E]}} \quad (6-1)$$

式中：r_0 为钻孔直径，单位为 m；$\rho_{(岩石)}$ 为岩石密度，单位为 kg/m^3；$\rho_{(石英)}$ 为石英密度，单位为 kg/m^3；G 为岩石中有机物及其他燃料物质的质量含量，单位为 kg/kg；E 为不同高温条件下岩石中挥发成分的含量，单位为 kg/kg；$W_{(岩石)}$ 为岩石在自然产状条件下的重力水分，单位为 kg/kg；$W'_{(岩石)}$ 为岩石连接湿度，单位为 kg/kg。

岩石受热后的变形，在径向上呈明显的阶段性和分带性。直径60~90mm的高温钻具钻

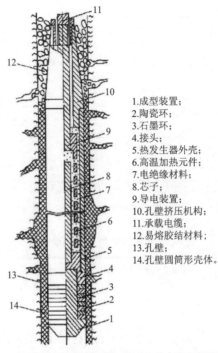

图 6-7 上提式热熔钻具工作原理图

1. 成型装置；
2. 陶瓷环；
3. 石墨环；
4. 接头；
5. 热发生器外壳；
6. 高温加热元件；
7. 电绝缘材料；
8. 芯子；
9. 导电装置；
10. 孔壁挤压机构；
11. 承载电缆；
12. 易熔胶结材料；
13. 孔壁；
14. 孔壁圆筒形壳体。

进试验表明，上述硬壳的厚度为 25～30mm，分为 3 个区：低温区（1000℃以内）、中温区（1000～1500℃）和高温区（1500℃以上）。与此对应在钻孔周围形成 3 个带：低温带的岩石经热力作用变成了矿物，其化学活性大，物理力学性质低下；中温带基本上是陶瓷状物质，其强度大；高温带是紧靠孔壁的玻璃状物质，岩石的初始结构部分或全部被破坏，这些玻璃状物质的硬度高、脆性大。

6.3.2 热熔钻进过程中温度的传递规律

研究热熔钻进过程中温度在土（岩）体中的传递规律，对理解热熔作用的机理、改进热熔钻进法和提高热熔钻进效果具有十分重要的意义，也是研究热熔钻进技术的基础，因此必须给予足够的重视。

1. 热熔器（即热熔钻头）周围土体热量传递的数学模型

热熔钻进过程中，当固相介质还没有熔化（热熔体还未产生）时，热量传递的各个环节是热熔器的热源→热熔器内壁→热熔器外壁→岩土体。当热熔体已经产生时，热量传递的过程是热熔器的热源→热熔器内壁→热熔器外壁→热熔体→岩土体。

热熔器中的热源是特制的加热电阻，当电流通过时产生一定的热量，该热量集中于热熔器的下部，相当于一个电阻炉，将热熔器加热。在这个过程中既有热辐射，又有热传导。热熔器外壳逐渐吸收热量，并将热量不断地传到地层中，此时为热传导。当热熔器外壳的温度达到周围固相介质的熔点时，固相介质开始熔化，形成的液体热熔体开始缓慢地流动，此时既有热对流,又有热传导。熔化的传热问题,通常属于"相变"或"移动边界"问题,求解这类问题的困难是,当固相与液相的界面处吸收或释放潜热时,这个界面是移动的。因此,固、液交界面的位置预先不知道,它是作为解的一部分在求得解以后才能被得到。这里主要讨论在由热熔器表面到无穷远处固相介质中的温度变化趋势。

对于热熔器周围的热量场研究,适宜采用极坐标或柱坐标系。根据能量守恒定律与傅里叶定律,可以列出柱坐标系下的三维非稳态导热微分方程的一般形式,即

$$\rho c = \frac{\partial T}{\partial t} = \frac{1}{r}\frac{\partial}{\partial r}\left(\lambda_r \frac{\partial T}{\partial r}\right) + \frac{1}{r^2}\frac{\partial}{\partial \varphi}\left(\lambda \frac{\partial T}{\partial \varphi}\right) + \frac{\partial}{\partial z}\left(\lambda \frac{\partial T}{\partial z}\right) + \Phi \tag{6-2}$$

式中:ρ 为土体的密度,单位为 kg/m^3;c 为土体的比热容,单位为 $J/(kg·℃)$;T 为土体中的温度,单位为 ℃;t 为时间,单位为 s;r 为测点到原点的距离,单位为 m;λ 为土体的热导率,单位为 $W/(m·℃)$;φ 为柱坐标系中平面角度坐标,单位为弧度;z 为柱坐标系中 Z 轴坐标,单位为 m;Φ 为内热源值,单位为 W。

由热熔器表面到无穷远处固相介质中,温度变化问题的数学描述为:在柱坐标系中,一区域 $a \leqslant r < \infty$ 的初始温度分布为 T_0;时间 $t > 0$ 时,$r = a$ 处的边界面温度保持某一固定的温度 T_1(如固相介质的熔点温度)。试求 $t > 0$ 时该区域的温度分布 $T(r,t)$ 的表达式。那么依据前面的公式,可以得出

$$\frac{\partial^2 T}{\partial r^2} + \frac{1}{r}\frac{\partial T}{\partial r} = \frac{1}{\alpha}\frac{\partial T}{\partial t} \quad a < r < \infty, t > 0 \tag{6-3}$$

式中:α 为热扩散率,单位为 m^2/s,$\alpha = \lambda/(\rho c)$,其中 λ 为土体的热导率,单位为 $W/(m·℃)$;ρ 为土体的密度,单位为 kg/m^3;c 为土体的比热容,单位为 $J/(kg·℃)$。

另外,式(6-3)必须满足以下两个边界条件:

$$\begin{cases} T = T_1 & (r = a, t > 0) \\ T = T_0 & (t = 0) \end{cases}$$

以上即为热熔器周围温度在土体中分布的数学表达式,它是进行热熔作用机理研究的基础。对上述方程的求解可借助一些数学工具,如采用有限元差分法软件以及 MATLAB 计算软件等(图 6-8)。

2. 热熔器周围土体温度的变化规律

在图 6-8 所示的岩(土)体温度测量系统中,热熔器周围的土体类型为砂性土、黏性土及砂性土与黏性土的混合土三类土;多个测点分两层径向布置,其中测点 1# 直接与热熔器表面接触,测点 2# 距测点 1# 为 5cm,测点 3# 距测点 2# 为 10cm;以此类推,测点 4#、测点 5#、测点 6# 与前者的间隔依次为 5cm。

通过对热熔器周围土体温度的实际测量,可以得到以下规律。

(1)热熔器壳体外的土体温度分布,是越靠近热熔器则温度变化越大,越远离热熔器则温度变化越缓慢(图 6-9)。由此也说明热熔器传出的热能主要消耗于靠近热熔器的土体中,促使其快速升温并最终熔化为玻璃状物质。当热熔器外表面温度达到 1300℃ 以后,从图 6-9 中可以发现,测点 3# 的温度几乎达到了一个稳定值,而测点 2# 的温度上升得也非常缓慢,这

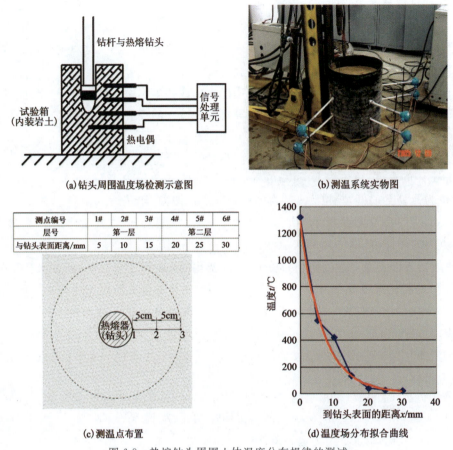

图 6-8 热熔钻头周围土体温度分布规律的测试

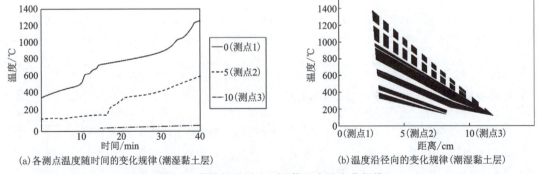

图 6-9 热熔钻进时土(岩)体温度的变化规律

说明热熔器的热量输出也基本达到了一个平衡稳定值(即热平衡状态),此时热熔器的输入功率为 $55V \times 40A = 2.2kW$。另外,热熔器的表面温度达到 1300℃(黏土的熔点)的时间大约为 30min,这个时间的长短主要取决于电流强度和土(岩)体的物理性质。

(2)土体中温度沿径向变化的趋势是递减的,而且距热熔器很近的一个区域是热能的主要消耗区域。利用黏性土为实验材料时,这个区域大致为热熔器表面 10cm 的范围以内。当然，随着岩（土）体材料不同和热熔器进给速度不同（即热熔器在地层中某一位置停留的时间不同），区域的范围大小将不同。

6.3.3　热熔钻进法技术需要研究的问题

热熔钻进法作为一种新型的非传统钻进方法，已经应用于极地冰川取心钻进、复杂地层钻进等方面，而且世界各国都很重视这一技术，并开展了一些相关的研究，但是总体上说，当前热熔钻进法的应用还处于起步阶段，人们对热熔钻进法的理论研究还有待于全面深入，有关热熔钻进法的工艺方法与钻具材料还需要在实践中进行探索。

目前在世界各国中，俄罗斯（苏联）在热熔钻进方面开展研究的时间最早、最长，并取得了一系列的研究成果，其热熔钻进技术目前处于世界领先地位。俄罗斯的热熔钻进研究主要成果包括：①开发了一系列的热熔钻进法冰钻取心钻具，并成功用于南极冰层钻进。②圣彼得堡矿业学院采用新型耐热合成材料做成的热熔钻头，温度可达2500℃，且不需使用惰性保护气体，已在砂岩中完成了118m深钻孔的模拟试验；热熔钻进法钻进直径80mm、深度140mm以上的钻孔需7～10kW电能，而且除了传统的钻探设备（钻机、水泵）外，所需的设备很少。③俄罗斯还成功开发了用于南极冰层热熔取心钻进的低温冲洗液（护壁液）和复杂地层热熔钻进时固孔所需的易熔胶结材料。

为了加快热熔钻进法技术的发展，使之得到更广泛的推广应用，有必要从以下方面对热熔钻进法的相关技术展开全面研究。

（1）深入研究热熔作用的机理，全面理解热熔钻进法的工作原理与钻进过程，建立系统的热熔钻进法理论，包括热熔钻进法碎岩机理、热能传递模型与规律、温度场的分布规律、热熔钻进法对各种岩层钻进的效率与适应性。

（2）依据热熔钻进法的理论，研制相关的热熔钻进机具，包括耐高温热熔钻头的材料与结构、配套的热熔钻具、固孔用易熔胶结材料、实钻用直流电源与控制系统、承重电缆、热熔钻机等。

（3）研究热熔钻进法的工艺过程，包括在不同的地层条件下热熔钻头的选择，钻进效率与钻压、工作电流的关系，易熔胶结材料的性能与配方，热熔钻进法在各种复杂地层条件下实施的工艺措施，热熔钻进法在现代定向钻进工程和非开挖铺管工程中应用的可行性与施工方法等。

综上所述，热熔钻进法作为一种新型的钻进技术，要获得推广应用还需要解决一系列的技术问题，对其进行全面深入的研究是必要的，尤其是要将对热熔作用机理、热熔钻头与固孔的易熔胶结材料的研究作为重点，应该对热熔钻具（钻头）的材料和结构进行试验研究，对采用的易熔胶结材料进行优选。

6.4　热熔钻进工艺

影响热熔钻进效率的因素有很多，除了岩（土）层本身的性质、热熔钻头的形状尺寸之外，采用的工艺参数（如热熔器电热功率、施加的轴载或钻压等）也有很大影响。俄罗斯圣彼得堡矿业学院在其试验台上进行了热熔钻进工艺试验（图6-10），所采用的热熔钻头为钼锂合金外壳材料 $w(Li)=0.05\%$，钻头外径50mm，最大加热功率50kW。

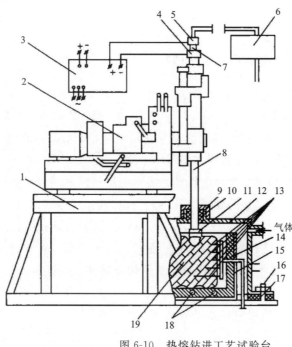

1. 支架;
2. 立轴式钻机;
3. 供电电源;
4. 接头(绝缘器);
5. 活动螺帽;
6. 冷却系统;
7. 供电供气内管;
8. 钻杆;
9. 螺帽;
10. 密封圈;
11. 热熔钻头;
12. 外罩;
13. 热电偶;
14. 壳体;
15. 隔热装置;
16. 螺栓;
17. 密封圈;
18. 电热装置;
19. 岩块。

图 6-10　热熔钻进工艺试验台

6.4.1 电热功率

热熔钻头的加热功率是热熔钻进的一个重要工艺参数。由于加热功率的大小与热熔器的表面积有关,因此提出热熔钻头单位面积上热功率的概念(称为比热功率),即热熔器外表面单位面积上的热功率值。若将土作为热熔对象,则热熔器表面的热功为 $2\sim3\mathrm{W/cm^2}$;若将岩石作为热熔对象,则为 $40\sim50\mathrm{W/cm^2}$。对于同一种岩石,当钻头电热功率增大时其产生的热量随之增大,熔化岩石的速度加快,从而使钻进速度增大,这种规律在钻进凝灰岩时最明显,如图 6-11(a)所示。表 6-4 为电热功率对钻进速度的影响。

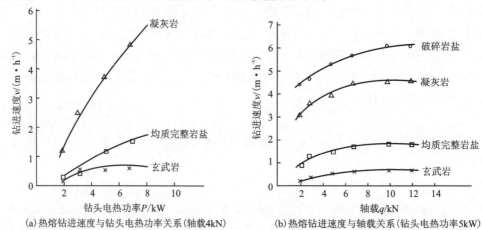

(a) 热熔钻进速度与钻头电热功率关系(轴载4kN)　　(b) 热熔钻进速度与轴载关系(钻头电热功率5kW)

图 6-11　热熔钻进速度与电热功率、轴载的关系曲线

表 6-4 电热功率对钻进速度的影响(钻压 4kN)

电热功率 P/kW	钻进速度/(m·h^{-1})					
	玄武岩		凝灰岩		均质岩盐	
	v	$v_{均}$	v	$v_{均}$	v	$v_{均}$
1.0	0.03	0.02	0.30	0.22	0.08	0.08
	0.02		0.22		0.09	
	0.04		0.15		0.06	
	0.01		0.20		0.07	
2.0	0.32	0.20	1.32	1.37	0.21	0.20
	0.13		1.45		0.30	
	0.14		1.40		0.40	
	0.22		1.30		0.25	
3.0	0.32	0.42	2.42	2.56	0.62	0.60
	0.61		2.60		0.58	
	0.43		2.40		0.60	
	0.30		2.81		0.58	
5.0	0.59	0.63	3.95	3.95	1.40	1.40
	0.72		4.00		1.38	
	0.70		3.98		1.29	
	0.52		3.85		1.52	
7.0	1.02	0.83	4.98	4.96	1.60	1.66
	0.92		5.02		1.62	
	0.65		4.89		1.73	
	0.72		4.95		1.70	

注:v 为钻进速度;$v_{均}$ 为钻进平均速度。

6.4.2 轴载(钻压)

热熔钻进速度与轴载(钻压)成正比。在松散的岩层中,钻压对钻进速度的影响更大,而在其他类型的地层中,钻压在 0~4kN 范围内对钻速的影响较大,如果钻压继续加大,则对钻进速度的影响并不十分明显。从测试特性曲线看,当钻头的电热功率不变时,根据所钻岩石的不同,钻进速度随钻头轴载的增大而不同程度地增大,且孔隙度大的岩石和破碎岩石(如凝灰岩和破碎的岩盐)的热熔钻进速度比致密岩石(如玄武岩和均质完整的岩盐)快,这是因为当钻头轴载增大时,造成熔化状态岩石的压力增大,熔化状态岩石的厚度减小,从孔底排除熔化状态岩石的速度增大,从而使钻进速度增大,如图 6-11(b)所示。

6.4.3 热熔器的形状与尺寸

热熔器的形状对钻进速度具有一定的影响,测试表明悬链线旋转体为最佳外形,如表 6-5 所示。

另外,热熔器的高度越小,钻头热量相对越集中,热熔钻进的速度越快。但是,热熔器的高度越小,热熔器内部的电热元件就越小,产生的热功率就减少,有可能比热功率达不到地层熔化所需要的值,因此热熔器的高度尺寸,应与电热元件的功率值和岩体的比热功率相匹配。

表 6-5 热熔器形状对钻进速度的影响

指标	圆柱体	半圆球+圆柱体	圆锥体+圆柱体	悬链线旋转体
最大直径/mm	50	50	50	50
高度/mm	67	75	100	108
加热心杆高度/mm	60	65	90	100
工作面积/cm^2	124.4	117.8	122.5	131.4
热熔器质量/g	366.81	367.19	367.22	372.58
输入电压/V	47.5	52	51.5	52.5
输入电流/A	2.52	2.3	2.33	2.29
功率/W	119.7	119.6	120	120.2
钻孔深度/mm	200	400	300	400
钻进时间/s	779	1370	777	1024
平均钻速/(m·h^{-1})	0.92	1.05	1.39	1.41

6.4.4 岩(土)体的导热性能

随着岩(土)体热导率的增加,热熔钻进的速度降低。根据理论分析可知,岩(土)体的热导率高,热能向周围岩(土)体扩散就快,热量不能积聚在钻头周围,导致钻头周围岩(土)体热熔进度减慢,降低了热熔钻进的速度。从热熔器周围径向温度场分布规律来看,温度衰减快,说明岩(土)体的热导率值较小,热量集中有利于热熔岩(土)体(图 6-12、图 6-13)。

6.5 热熔钻探应用

热熔钻进法作为一种新型的非传统的钻进方法,如前所述,尽管其的产生是为了满足极地考察和冰川研究的需要,但它由于具有一些特有的优点,如不需要复杂的机械设备、钻进方法具有普遍适用性、在钻进过程中岩石被熔化使孔壁加固而不必使用套管、应用方便且不污染环境等,使其应用范围已经有了很大的扩展,尤其是在破碎易坍塌地层、含鹅卵石漂石地层钻进,用传统的机械碎岩方法钻进是很困难的甚至是不可能的,钻孔形成后对孔壁加固的技术

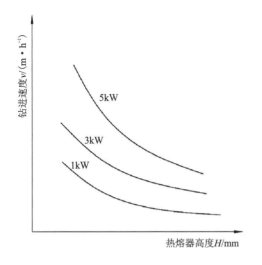
图 6-12 热熔器高度 H 与钻进速度 v 的关系

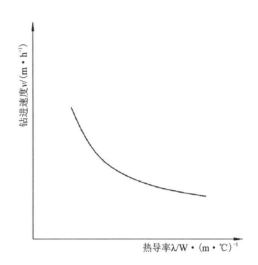
图 6-13 岩(土)体的热导率 λ 与钻进速度 v 的关系

难度与工作量也是很大的,如果采用热熔钻进法,不仅可以很好地解决钻进的问题,而且在已经钻成的钻孔中,在需要固孔的孔段,可以用来代替套管进行固孔,从而节约大量无缝钢管,产生很大的社会效益和经济效益。

另外,热熔钻进法技术还可应用于市政工程与地下管网建设领域,如非开挖铺管工程,铺设各种电缆、天然气、水和油的管线等。由于上述领域的钻进工程中,地层属于第四纪沉积地层,具有破碎、软岩、不稳定地层、裂隙地层、渗水地层和技术成因土壤等特性,这些场合很适合热熔钻进法。因为在热熔钻进过程中钻头周围的岩石被高温熔化成玻璃状,某些岩石(如砂岩、砂页岩和其他岩石)在加热时会发生相变使其机械性质提高,如对质点之间具有水胶结特性的黏土岩,随着温度升高,黏土岩将被烧结而强化,使其强度和弹性参数增大几倍;对含有石英的岩石表现为同质多相转移,由低温的三方变体(A 石英)变为高温的六方变体(B 石英)。热熔后的岩石随后冷却,变成了坚硬的壳体,从而使孔壁得以加固而不必使用套管。同时,由于热熔形成的玻璃质孔壁非常坚固稳定,故可在岩土中形成沿着空间任何方向延伸的通道,容易实现钻孔的轨迹控制,构筑复杂的地下管线系统。

综上所述,热熔钻进法一方面可以在复杂地层条件下钻进成孔,另一方面可以进行无套管固孔,而且固孔的强度可满足在孔内进行工程施工的需要,因此热熔钻进法技术很有发展应用前景。

以下是热熔钻进法技术 3 个工程应用的例子。

1. 陡岸塌陷和岩体滑坡防护工程

当陡岸岩体稳定性受到破坏、超过允许变形范围时,就会发生塌陷或滑坡。为了解决这个问题,可以采用热熔钻进的方法向岩体中打入锚固体(锚杆),即先用热熔钻进法钻进水平钻孔,然后灌以混凝土形成锚体,从而保持岩体的稳定,如图 6-14 所示。当然,图中两种情况下的破坏机制是各不同的,塌陷时需要克服的是塌陷体的拉力,滑坡时需要克服的是滑坡体的剪切力。因此，进行支护和治理时有关锚固体的计算方案也是不同的，计算的内容包括工程孔(锚固体)的数量、钻孔直径和锚固体材料等。

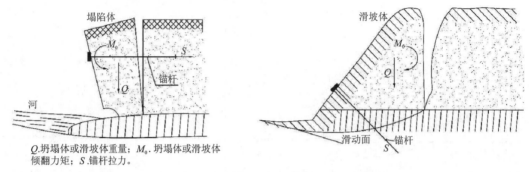

Q.坍塌体或滑坡体重量；M_0.坍塌体或滑坡体倾翻力矩；S.锚杆拉力。

图 6-14　热熔钻进法应用于滑坡防护工程

2. 非开挖铺管

非开挖铺管是指利用岩土钻掘手段，在地表不挖槽或少开挖的情况下，铺设、修复和更换地下管线的施工技术，其核心是实现浅地层的定向钻进。非开挖钻进具有不破坏环境、不影响交通、施工精度高、安全性好、周期短、成本低、社会与经济效益显著等优点，尤其还可在一些无法实施开挖作业的地区铺设管线，如古迹保护区、闹市区、农作物及农田保护区、高速公路、铁路、建筑物、河流等，因此非开挖铺管技术广泛用于市政、电信、电力、煤气、自来水、热力等管线工程以及管棚支护工程。如果将热熔钻进法与非开挖铺管技术相结合，利用热熔钻进法在松散、破碎、弱黏接性的岩体中形成具有结实孔壁的圆柱形通道(图 6-15)，可以获得更良好的经济效益。

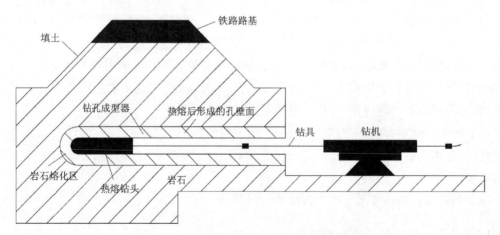

图 6-15　热熔钻进法应用于非开挖铺管工程

3. 复杂地层条件下的钻进

复杂地层条件往往包括破碎松散、富含卵砾石、不稳定、裂隙发育的地层，用常规的机械碎岩方法钻进，无论是成孔还是固孔都是很困难的甚至是不可能的，但采用热熔钻进法，不仅

6　热熔钻探

可以很好地解决钻进的问题,而且在已经钻成的钻孔中进行固孔也是很容易的。对于一般性的含有松软、弱结合力和松散(粒状)岩石的地层(如砂质泥土质地层、砂砾层、卵石层等),热熔钻进法钻进时岩石被熔化成玻璃状,冷却后变成坚硬的圆筒状壳体,可以直接用来代替套管进行固孔而不必使用套管固井。对于遇到的漏失坍塌井段,可在热熔钻进的同时,向热熔钻头部位投入一种颗粒状易熔化工原料,在热熔作用下这种颗粒被熔化,在断电冷却后便形成一层与井壁完全吻合的固态壳,对需要固孔的孔段起到堵漏和护壁的作用。同时,这还是一种隔开产油层上部复杂地层中的地下水、提高产油率的方便措施。这种材料无毒无味,不会污染地下水和环境,而且该材料的硬度不大,所以需要造斜或射孔时,很容易在该层固态壳上重新施工。

地外天体钻探

地外天体钻探作为一项充满挑战和机遇的探索活动,旨在深入了解太阳系和宇宙中其他天体的内部结构、组成和演化过程。通过对行星、卫星、小行星和彗星等天体进行钻探,以获得这些天体关于地质、化学和物理特征的宝贵信息,让我们对宇宙的认识更加深入。这项工作不仅有助于解开地外天体的形成与演化之谜,还为未来太空探索和资源开发提供了重要参考。

7.1 地外天体钻探特征

7.1.1 地外天体钻探的背景和意义

深空探测是当今世界航天活动的重要领域。深空探测是指发射航天器,在等于或大于地月距离的宇宙空间,对地外天体、太阳系空间和宇宙空间进行探测的活动。NASA 于 2019 年 4 月 2 日公布其探测火星的"火星陆计划",加紧推动其重返月球的"阿尔忒弥斯"计划;欧空局于 2021 年 6 月 22 日宣布启动"欧盟太空计划",深化其在深空探测领域的投资。俄罗斯和日本等国家先后提出和实施了深空探测的任务与计划。我国《2021 中国的航天》白皮书中指出,未来 5 年将继续实施月球探测工程;继续实施行星探测工程,发射小行星探测器、完成近地小行星采样;完成火星采样返回、木星系探测等关键技术攻关。从航天技术发展的基线与国家航天事业发展的规划出发,进行行星着陆探测相关技术研究,既符合国家重大战略需求,又是抢占技术高地的关键一环。

人类迄今已经发射了约 240 个深空探测器,实现了对太阳系八大行星和部分小天体的探访,并完成了月球、小行星和彗星粒子的采样返回。近年来火星探测成为国际深空探测的热点,2021 年 2 月 9 日,阿联酋"希望号"成功进入火星轨道,2021 年 2 月 19 日,美国发射的"毅力号"火星车成功登陆,2021 年 5 月 15 日,我国发射的"祝融号"火星车成功登陆。同时美国和我国均计划于 2030 年左右实现火星取样返回。地外天体钻探取样返回已成为前沿科学探索和大国战略竞争的重要领域。

地外天体承载着丰富的科学信息,对人类了解天体的演变历史及其生命存在的证据有重要作用,也是人类了解太阳系起源以及演变的重要载体。同时,地外天体可能含有丰富的矿物资源、能源、金属以及稀有元素,对于解决地球资源短缺具有广阔的前景。作为除载人航天和人造地球卫星的第三大航天活动,深空探测不仅仅体现了一个国家的国防科技实力,更促

7 地外天体钻探

进了空间天文学、空间环境科学以及空间材料学等相关领域的发展和创新。未来的深空探测任务中,天体取样返回是获取星体信息最有效的方式。

因此,地外天体钻探具有探测行星、卫星等地外天体内部结构和物质组成的重要意义。对地外天体进行钻探,可以了解其中的资源类型、分布和储量等信息,为人类未来的探索和开发提供有力的支持。同时也可以为人类的生命探索提供重要的参考,了解地外生命的存在条件和发展规律,为人类探索宇宙生命的奥秘提供有力的线索。

7.1.2 地外天体钻探的主要特征

地外天体钻探是一项用于探测行星、卫星和小行星表面深层结构的技术。相比传统的探测方法,如遥感观测、探测器漫游等,地外天体钻探具有以下4个主要特征。

(1)地外天体钻探是一种实地勘探技术。与其他探测方法相比,地外天体钻探可以直接获取地质样品,这些样品可以提供更为详细的地质信息,并且能够帮助科学家们更好地理解地外天体的形成和演化过程。

(2)地外天体钻探具有高效性和精确性。由于该技术可以直接进入地下深处,所以其数据采集效率非常高,并且能够获取到更为准确的地质数据。同时,由于地下环境对外界干扰较小,因此可以减少误差,提高数据精度。

(3)地外天体钻探可以实现多点采集。在探测过程中,钻探车辆可以移动到不同位置进行钻探,从而获取更多的地下信息。这种多点采集方式能够帮助科学家更全面地了解地外天体的地质结构和成分分布。

(4)由于地外天体钻探需要进入地下深处进行勘探,因此需要具备一定的自主导航、操控能力和环境适应性。这对技术本身的研发和应用提出了更高的要求,需要科学家们在设计和制造方面进行充分考虑及优化。

总之,地外天体钻探是一项非常重要的地质勘探技术,其具有高效性、精确性、多点采集和环境适应性等特征。通过这种技术,我们可以更好地了解地外天体的内部结构和成分分布,为人类探索和利用行星资源提供重要的数据与支持。

7.1.3 地外天体钻探面临的挑战

地外天体钻探面临的挑战源于目标采样天体的独特环境,包括强烈的重力场、极端的温度波动、低气压和异常表面温度等。此外,地质学特征的不确定性和多样性也给岩屑取样带来了极大的不利影响。这些差异要求钻探设备具有出色的环境适应性,以便在恶劣的行星环境中可靠地运行。总的来说,地外天体钻探面临的挑战可以归纳为以下4类。

(1)低/零重力:在进行地外天体钻探时,重力加速度为最重要的考虑因素之一,因为软着陆并不总是能很好地提供足够的钻探所需的反作用力,甚至钻探施加的力会将探测器推离地外天体。例如,火星的重力加速度是 $3.71m/s^2$,月球的重力加速度是 $1.62m/s^2$,火星、月球的重力加速度分别约为地球重力加速度的 0.38、0.165。在小型小行星或彗星上甚至更低,例如在 Itokawa 上的重力加速度仅为 $0.0001m/s^2$。因此,需要采用反作用力较小的地外天体钻探方法。

(2) 极端温度：极端温度将影响钻探对象内部结构、成分和演化历史等，同时对地外天体的影响将直接影响到钻探器的设计，包括材料选用、散热系统、能源供应及控制系统等方面。极端温度下的地外天体风化层可能与地球风化层有极大区别，这令科学家感到困惑。同时极端温度下的地外天体钻探，对钻探器的热指标提出了较高的要求，可暂定采样器热设计指标—180～50℃，可覆盖大部分地外天体的温度波动，如月球表面的太阳直射区，表面温度可达127℃以上，而在夜晚，甚至可以降至—173℃以下。火星的大气层很薄，其昼夜表面温度在—130～20℃之间。然而，其他一些行星可能极冷或极热。因此钻探设备须具有较高的温差适应性。

(3) 大气压力：大气压力会影响钻探地质介质的物理性质，同时影响钻探器的钻探深度和稳定性，如降低钻进速度、增加钻头磨损等，尤其是在压力极低的情况下。通常，对于多孔和颗粒状风化层颗粒，气体对流在传热过程中占主导地位。然而，在低压或真空条件下，如火星平均大气压约为610Pa，这约相当于地球海平面上大气压的1/100，月球表面的气压为10^{-10}Pa数量级，气体对流微乎其微，热量只能通过固体传导和辐射在颗粒之间传递。这意味着在工具-风化层相互作用过程中积累的热量很难消散，特别是在深层地下风化层钻井和采样作业中。此外，如果采用气动方式输送风土样品，还需要考虑地外大气压力，因为压力差对输送性能影响较大。

(4) 地质不确定性：在收集和分析风化层样本之前，对目标天体的许多特征还没有充分了解。其中地质结构，包括岩石类型、层序、断裂和褶皱等，这些不确定因素可能会影响到钻井操作；岩石物理性质，地外天体的岩石物性可能随地点甚至同一地点的深度而变化，它们的密度、硬度、弹性模量等参数都可能存在巨大的变化。这些不确定因素会影响到钻头的设计和选用。例如，之前的勘测数据显示月壳厚度在35～55km之间，但直到今天，我们对于月球内部结构的认知仍然非常有限。过去几十年来，科学家们一直在努力寻找火星上的水资源。虽然火星上曾经发现过水冰沉积物，但是火星地下水是否存在以及其位置和分布等仍然存在很多不确定性。风化层的性质对钻探负荷和控制策略具有显著影响，因此任何方案都必须具备处理多种问题的能力，并且用于控制作业的技术必须能够应对各种极端情况，以确保其科学可行性。

7.2 月壤/星壤钻探

7.2.1 月壤/星壤的物理特性

月球表面物质（风化层或"月球土壤"）是结晶岩石碎片、矿物碎片、角砾岩、凝集物和玻璃5种基本颗粒类型的复杂混合物，而火星土壤和粉尘的成分以玄武岩矿物（长石、橄榄石、辉石、磁铁矿）为主，且15%～25%的火星土壤是由黏土大小的物质（粒径<4μm）组成的，火星尘埃的形状不规则，但由于风化作用，边缘呈圆形。与地球上风化的陆地岩石类似，月球和火星表面不断受到风蚀、恶劣温度、微陨石撞击、强烈辐射等因素的影响，每一种颗粒类型的相对比例因地而异。另外，月球和火星的内部存在着热活动。

7 地外天体钻探

仅对地表风化层的物理、化学和机械性质进行研究已经不够,目前许多任务的目标是获取有关行星地下构造的知识。地下采样使科学家能够追踪月球和火星的起源,同时更加明确行星演化过程中的初始过程。地下采样的一个显著应用是寻找地外行星上过去或现在的生命。近几十年来,钻探技术被认为是探测月球和火星表面是否存在生物标志物的直接方法。

此外,进行岩土工程应用首先需要的基本数据包括次表层的机械特性。因此,地下取样被认为是太空钻探最基本的应用之一。

不同的太空任务成功地将不同的外星标本带回了地球。这些标本可以从分散的风化层中以集体物质的形式捕获(不需要任何钻探协助)。此外,这些标本可以由机器人采集,机器人利用钻孔技术采集更深层的土壤和岩石样本。

1968—1972年,阿波罗太空计划将超过380kg的月球土壤带回了地球。第一次任务是阿波罗11号,宇航员在月球表面手动收集了22kg的风化层。阿波罗12号和阿波罗13号分别带回了34kg和42.8kg的月球风化层。这些任务之后,在阿波罗15号、阿波罗16号和阿波罗17号任务中进行了一些人工钻探作业,分别捕获了质量为76.7kg、94.3kg和110.4kg的月球样品。"月球计划"是另一项太空任务,包括有标记的样本返回任务。

这里简要介绍了样品返回任务的历史,主要任务是在2000年前由苏联的太空任务执行的。

在这个太空任务中,进行了10多次从月球表面收集样本的任务。然而,其中只有3架(月球16号、月球20号和月球24号)成功地以全自动方式采集了一些月球样本。月球16号、月球20号和月球24号分别带回了101g、55g和170g月球土壤。表7-1和表7-2列出了上述太空任务中所带回的月球和火星土壤的土工特性,包括黏聚力(C)和内摩擦角(φ)。

表7-1 月球土壤的各种样本、返回任务和岩土特性

年份	返回任务	黏聚力 C/Pa	内摩擦角 $\varphi/(°)$
1966	勘探者1号	150~15 000	55
1966	月球轨道环行器	350	33
1966	月球轨道环行器	100	10~30
1967	勘探者3号和勘探者6号	350~700	35~37
1969	阿波罗11号	800~2100	37~45
1969	阿波罗11号	300~1400	35~45
1969	阿波罗12号	600~800	38~44
1970	月球16号	5100	25
1971	阿波罗14号	≤300	35~45
1971	阿波罗15号	—	49

表 7-2　火星土壤的各种样品、返回任务和岩土特征

年份	返回任务	黏聚力 C/Pa	内摩擦角 φ/(°)
1975	海盗 1 号	1600±1200～3700	18±2.4
1975	海盗 1 号	5100±2700 2200～10 600	30.8±2.4
1975	海盗 1 号和海盗 2 号	1000～10 000	40～60
1975	海盗 2 号	1100±800～3200	34.5±4.7
1997	火星探路者号	3400～5700 1800～5300	3.4～42.2 15.1～33.1

7.2.2　月壤/星壤钻探的技术

月壤/星壤钻探技术是指在行星、卫星表面进行的土壤钻探工作。这项技术广泛应用于深入了解地外天体地质特征和构造、物理化学性质等，以及为未来在地外天体中建立基地提供支持。随着人类对宇宙的探索日益深入，对月球、火星等行星表面材料的研究需求越来越迫切。因此，发展高效、可靠的月壤/星壤钻探技术具有重要意义。该技术需要考虑多种因素，如环境条件、设备稳定性、精准度等。目前，许多国家和组织都在积极开展相关研究，以推进该领域的发展。

随着科学技术的不断发展，人类对于地外天体的探索也越来越深入。在这个过程中，地外天体钻探器被广泛应用于勘测、研究和开发等领域。然而，由于不同地外天体的环境条件和特点各异，月壤/星壤钻探技术需要根据采样方式和操作模式进行选取，如图 7-1 所示。下面将介绍几种常见的月壤/星壤钻探技术分类，以帮助读者更好地了解其应用范围和特点。

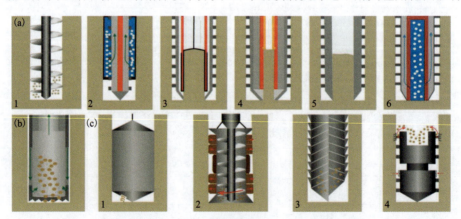

(a)空心螺旋钻技术；(b)气动钻探取样技术；(c)仿生钻探取样技术。
图 7-1　钻探器的分类

（1）空心螺旋钻技术：一般来说，螺旋钻机或传统钻机是一种用于在行星、卫星和小行星等天体表面钻孔及取样的工具。利用螺旋钻头在被钻孔物质上产生旋转力矩，从而将其深入

天体表面,并收集样本。空心钻是指钻孔时样品管有中空的设计,它可将刀齿破碎的土壤压缩进样品管,可保持采集的样本的完整性,同时也能采集更多的样本,如 EADS Astrium Team 钻头。当刚性岩心管集成后,到达目标深度后,可以将岩心管进行延伸,采集风化层样品。随着穿透深度的增加,在外侧具有螺旋翼且内壁光滑的钻杆内装入取心软袋、封口器及保持心管等取心设备,保持月壤样品的层序信息。为了在极端环境下穿透坚硬的冰层,螺旋钻还可以通过固体加热棒或嵌入式加热管利用热能融化冰,以提高钻井效率,并利用冷阱捕获来收集和储存水冰样品。

(2) 气动钻探取样技术:气动钻探取样通常将传统钻头与气体循环系统集成在一起,利用气体压差实现高效的岩屑排出。随着深度的增加,风化层变得更致密,摩擦力也随着深度的增加而增加,小功率钻探器在深部钻井中受到限制。地外天体风钻是一种探测器,用于在行星、卫星或小行星上进行钻取和采样。它的工作原理类似于传统的地球钻井,但是它利用气体循环系统来将岩屑排出。风钻主要由钻头、气体循环系统和采样容器 3 个部分组成。钻头通常由金属制成,其形状和设计根据目标天体而异;气体循环系统包括一个压缩机和一系列管道及阀门,用于将气体压缩并推动到钻头中;采样容器用于收集岩屑,并将其保持在恒定的温度和压力下。当启动风钻时,气体被压入钻头,产生高速旋转,从而切割和挤压岩屑。岩屑被连续输送到钻孔口,并通过气体循环系统迅速排出。这种方法比传统的钻井更高效,因为它减少了钻头和岩屑之间的摩擦,提高了岩屑的排出速度。风钻可以在各种不同类型的天体上使用,包括行星、卫星和小行星。它们可以用于岩石和土壤样品的采集,以及对天体内部结构的研究。风钻也可以用于探测潜在的地质资源和生命迹象。此外,气体膨胀带来了强大的破坏力,这可能给原位风化层的科学信息保存带来困难。

除上述钻探技术,月壤/星壤钻探技术还包括挖掘或抓取采样技术、利用粒子束或者高压气体等将天体表面的材料打散的弹射采样技术、盲钻螺旋钻探取样技术、超声波钻探取样技术、仿生钻探取样技术,后三类钻探技术将在 7.3.2 月岩/星岩钻探的技术中详细介绍。

7.2.3 月壤/星壤钻探的装备

月壤和星壤是太空探索的热门目标之一,它们包含着人类研究太空科学所需的重要信息,月壤和星壤上的物质组成、内部结构、演化历史等问题都需要深入研究。而对于月壤和星壤钻探技术的研究则是实现这个目标的重要手段。月壤钻探装备是用于在月球表面进行钻探操作的设备。由于月壤表面特殊的环境和地形条件,开发出可靠高效的月壤钻探装备一直是科学家努力追求的目标。钻探装备必须能够应对月壤表面高温、低压、微重力等复杂环境,同时还需要具有足够的采样能力和钻探深度,以获取更多的样本数据。

从最近的月球到太阳系最远的行星,为准确了解其中的资源类型、分布和储量等信息,一般采用原位测试、取样后进行室内试验或两者相结合的方法。图 7-2、图 7-3 总结了以往各行星探测任务中使用的钻探器。

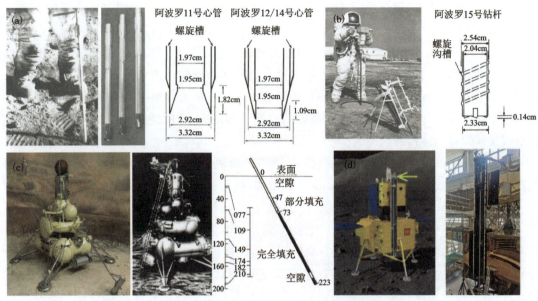

(a)阿波罗 11 号、12 号、14 号取样套管及钻头对比;(b)阿波罗 15 号钻进取样套管及钻头;
(c)月球 16 号、24 号月球探测器;(d)嫦娥五号的演练和样机。

图 7-2 月球探测任务中使用的钻探器

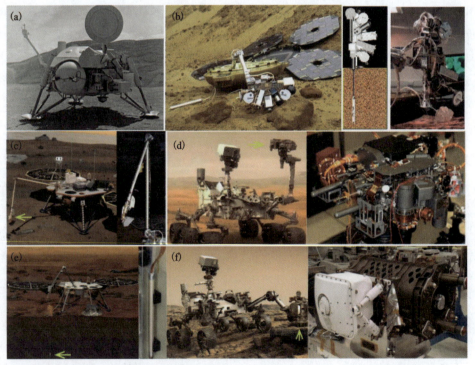

(a)海盗 1 号探测器;(b)小猎犬 2 号着陆器的 mole-inspired 采样设备和原型;(c)凤凰号 ISAD 的
钻头和原型;(d)好奇号的 SA/SPaH 和原型;(e)洞察号自钻式 HP3 和原型;(f)毅力训练和原型。

图 7-3 火星探测任务中使用的钻探器

1. 月球表面钻探/取样设备

苏联于1970年,将搭载摆杆式钻探取样器的月球16号月球探测器发射升空,钻入深度350mm,获取了101g月壤样品,成功完成了人类首次月面无人采样返回探测任务。1972年,苏联再次发射月球20号月球探测器,其结构与月球16号相同,钻入月面25cm,获取55g月壤样品。1976年,成功发射搭载滑轨式钻探取样器的月球24号月球探测器,其针对钻头进行了极大的改进,首次采用塑料衬管完成取样,同时在钻进过程中,钻杆与地面方向有30°倾斜角,完成月面200cm的侵入,实际获取样品深度为160cm,采样质量为170g。

美国于1970—1972年先后6次完成将人类送上月球同时开展人工钻探获取月壤的工作,前后6次阿波罗任务中,其钻探器设计与改进经历了3个阶段。阿波罗11号、12号、14号采用了贯入取样方法,可通过螺纹连接扩展取样长度。阿波罗15号、16号、17号采用了两种取样器,分别为贯入取样器和回转钻进取样器,宇航员使用ALSD(apollo lunar surface drill)回转冲击钻机,获取最大深度3.05m的连续月壤。

中国于2020年向月球发射了嫦娥五号着陆器,利用一个2m长的螺旋钻,用一根软管收集地下风化层样本,其结构与苏联的月球24号月球探测器相似。然而,钻探遇到了坚硬的月球岩石碎片,在1m处终止。

2. 小行星钻探/取样设备

2004年,欧空局成功发射了携带SD2系统的菲莱探测器,通过将收集的样品分配到仪器中来进行原位采样分析。

2014年,日本宇宙航空研究开发机构(Japan Aerospace Exploration Agency)发射了小行星探测器隼鸟2号,探测器上搭载了可以完成3个不同地点表面样品的收集工作,且获取至少100mg小行星表面样品的取样系统。

3. 火星钻探/取样设备

1975年,美国成功发射了搭载3m长采样臂的海盗1号和海盗2号,并于次年在火星表面实现了首次软着陆,机械臂末端配备有采样勺和活动盖采样装置。

2003年,欧空局成功发射了携带小猎犬2号着陆器的火星快车探测器,首次使用鼹鼠启发的mole-inspired采样装置,配备了可压缩弹簧冲击锤,以实现每5s一次挤压穿透,探测深度可达1.5m,采用空心孔采集火星土壤,着陆器设计为电线取心式,采样装置通过电缆与着陆器连接,实现采样装置的回收。不幸的是小猎犬2号在着陆过程中失去了联系。

2007年,美国成功发射携带ISAD钻头的凤凰号探测器登陆火星,其以0.041N·m扭矩、6N钻压力协助钻探器挖掘坚硬的风化层,最大开挖深度0.5m,凤凰号同时搭载挖掘采样探测设备,可将坚硬的冻土或水冰变为松散的土样。2008年,科学家通过分析获取的样品,首次证实了火星风化层存在水。

2011年,美国成功发射搭载SA/SPaH系统的好奇号火星车成功登陆火星。探测器配备了一个五自由度的机械臂。机械臂配备由粉末采集钻系统、除尘工具和用于收集与处理火星内部岩石分析样本的装置组成,其孔径为 16mm,最大钻孔深度为 50mm,火星科学实验室的采样方法是钻探和挖掘,可实现钻孔、铲土、除尘、筛分等动作,通过分析获取的样品,首次揭示了火星风化层的生命元素。

2018 年,美国成功发射携带 HP3 的洞察号着陆器登陆火星,洞察号携带的"鼹鼠"式自钻,其直径为 27mm,最大预计钻深 5m,用于探测地表热流信息。HP3 在钻入风化层后多次碰上硬岩障碍物,最终停留于 5cm 深度。

2020 年,JPL 在好奇号的基础上实施火星 2020 探测任务,研制出具有取样回收子系统的毅力号探测车,该取样设备包括回转采集岩心钻机与 42 根火星地质样品套管。钻探深度为 70mm 时,取样器会接收相应指令并通过带动取样套管组件的偏心回转来完成取样任务。

未来几年最引人注目的深空探测任务是 ESA 的 ExoMars,由于各种原因被推迟到 2024 年。在意大利航天局的资助下,DeeDri 将使用 4 根钻柱(长 45mm,直径 20mm)在火星上钻进达到 3m 级的钻井,该钻孔取样机构的钻杆由空心螺纹管和钻头组成,其内部活塞可抽出形成一个腔体,用于收集样品岩心。由于钻具内部采样空间有限,该钻孔取样机构特别设计了百叶结构,可以满足不同钻探取样需求。

7.3 月岩/星岩钻探

7.3.1 月岩/星岩的物理特性

月岩/星岩作为在太空探索中被发现的一种特殊类型的岩石,具有与地球上的岩石截然不同的物理特性,如它们的形态、密度、孔隙度等都不同于我们所熟知的任何一种地球上的岩石。这些特殊的物理特性使得月岩/星岩在科学研究和太空探索领域中极为重要。通过对月岩/星岩进行研究,科学家可以更深入地了解宇宙的起源和演化,进而推动人类在太空探索方面的发展。精确测定月岩/星岩的密度对于建立地壳和岩石圈的重力模型具有不可或缺的作用。

阿波罗计划是 NASA 的载人登月计划,于 1969—1972 年实施。在该计划中,共有 6 次载人登月任务,每次任务都携带回大量的月球岩石和土壤样本。通过这些任务,获取了来自月球的 6 个阿波罗样本和 7 个月球陨石样本,进行了新的密度和孔隙度测量。这些样本涵盖了所有 3 种主要的月球岩石类型,包括 7 种海玄武岩、4 种长石高地岩石,以及 2 种来自撞击盆地喷射物的角砾岩(表 7-3)。

表 7-3 月岩密度和孔隙度结果

样本编号	质量/mg	岩石类型	体积密度/(kg·cm^{-3})	颗粒密度/(kg·cm^{-3})	孔隙度/%
12051	12.2	低钛玄武岩	3270±20	3320±20	1.8±1.7
15555	33.0	低钛玄武岩	3110±30	3350±10	7.1±0.9
70215	9.1	高钛玄武岩	3170±80	3460±50	8.3±2.7

续表 7-3

样本编号	质量/mg	岩石类型	体积密度/(kg·cm^{-3})	颗粒密度/(kg·cm^{-3})	孔隙度/%
LAP02205	25.0	低钛玄武岩	3010±40	3350±20	10.3±1.4
MIL05035	9.3	低钛玄武岩	3240±100	3410±20	3.4±3.2
NWA 2977	19.1	橄榄石辉长岩	3130±60	3270±10	8.3±1.9
NWA 4898	19.1	高铝玄武岩	3030±40	3360±10	7.2±1.2
12063	—	低钛玄武岩	3210±30	2900±10	4.7±1.0
15418	26.7	斜长正辉岩	2810±20	2840±0	3.2±0.9
NWA 482	311.5	斜长正辉岩	2510±20	2910±10	11.5±0.8
NWA 4932	24.5	正辉斜长岩	2840±40	2870±30	2.2±1.5
NWA 5000	16.4	斜长正辉岩	2610±30	>2170	9.2±1.4
60025	—	铁正长斜长岩	2200～2240	3050±10	>18
14303	22.3	弗拉·毛罗地层	2520±30	3030±10	17.5±1.0
14321	10.0	弗拉·毛罗地层	2360±40	3030±30	22.1±1.5
72395	3.7	撞击熔融角砾岩	2540	>3070	>17.4
77035	3.7	撞击熔融角砾岩	2620	>3050	>14.1

注：以数字开头的样本是阿波罗样本，以字母开头的样本是陨石样本。

本书同时收集了火星土壤不同特性的数据，可将火星土壤主要分为 4 种类型：干风化层、冻结风化层、软岩和硬岩。基于对 7 个着陆航天器获取的轨道传感数据和对类似陆地材料的分析，研究火星土壤的结构、组成以及物理、热物理和机械特性，研究结果提供了有关火星土壤方面的重要科学信息（表 7-4）。

7.3.2 月岩/星岩钻探的技术

月岩/星岩钻探技术是指通过钻探和采集月球或其他星球的岩石样本，进行分析和研究的一种科学探索方法。这项技术的重要性在于，它为人类更深入地了解月球和其他行星的构成、形成和演化提供了有力的手段，对推动太空探索和未来太空开发具有重要意义。随着现代科技的不断进步，月岩/星岩钻探技术也得到了越来越广泛的应用和发展，不断推动着人类探索宇宙的奥秘。

月岩/星岩钻探技术相较于月壤/星壤钻探技术，在钻头、钻探机构、采集方式等方面均需得到改善，同时由于月岩/星岩的化学成分和物理特性与月壤/星壤不同，数据处理的方式需要改善，技术也需提高。月岩/星岩钻探技术需要根据采样方式和操作模式分为 3 类，如图 7-4 所示。下面将介绍几种常见的月岩/星岩钻探技术分类，以帮助读者更好地了解其应用范围和特点。

表 7-4　火星土壤物理性质汇总表

岩石类型		干风化层				冻结风化层	软岩	硬岩
		尘埃	硬壳到黏土	块状风化层	砂土			
物理性质	晶粒尺寸/mm	0.001~0.01	0.005~0.5	0.005~3	0.006~0.2	—	—	—
	密度/(g·cm^{-3})	1.0~1.3	1.1~1.6	1.2~2	1.1~1.3	0.9~1.6	<2.0	2.6~2.8
	泊松比/%	35~65				—	—	—
	介电常数	2.2~2.8				4	4.6~5.9	6~20
	电阻率/(Ω·m)	>200				10^3~10^6	—	2×10^5~6×10^8
	水含量/%	0				20~55	0	0
热物理性质	热导率/(W^{-1}·m·k^{-1})	0.1~0.35				1.2~3.2	0.7~5.8	1.4~2.8
	比热/(kJ^{-1}·kg·K^{-1})	0.4~0.5				0.8	0.6~1.1	0.9~1.1
	热惯性/(J m^{-2}k^{-1}s$^{-\frac{1}{2}}$)	40~125	200~326	368~410	60~200	2290	>400	1200~2500
机械性能	内摩擦角/(°)	15~21	30~40	25~33	30	—	39~54	40~60
	黏聚力/kPa	0.18~1.6	1.1±0.8	5.1±2.7	0~1	1.5×10^3~4×10^3	0.3×10^3~12×10^3	10^3~10^4
	无侧限抗压强度/kPa	5~200				<2.2×10^4	<10^4	6.4×10^4~1.32×10^5

1. 盲钻螺旋钻探取样技术

盲钻螺旋钻探取样技术是用于地下钻探的非可视化钻探方法,通常用于获取地下土壤或岩石样品。通过旋转钻头和钻杆将钻头深入地下,同时通过钻杆内部的通道将样品取出。由于钻探过程中无法直接观察到钻孔内部情况,因此需要依赖于钻探参数和经验来判断钻孔的准确性与样品的质量。在钻探过程中,钻头旋转并推进,同时将样品通过钻杆内部的螺旋叶片或管状结构向上推送,最终将样品取出。该技术可减少对样品的干扰,提高样品的代表性和准确性。由于钻孔不穿透地表,因此可避免对地表环境的影响,同时减少钻探过程中的污染风险。盲钻螺旋钻探取样技术需要考虑钻头设计、钻进参数和钻孔稳定性等因素。为了提

7 地外天体钻探

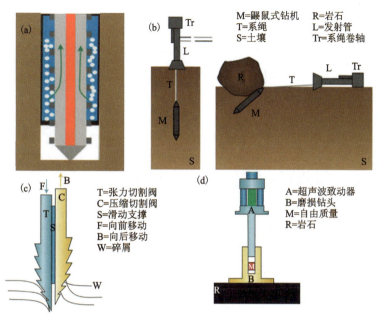

(a)带内加热器的盲钻螺旋钻探取样技术;(b)受生物启发的钻探器,灵感来自挖洞的动物(左图为通过压缩风化岩穿透的鼹鼠式仿生钻探器);(c)木蜂式仿生钻探器,通过移动两个切割阀进行渗透;(d)超声波钻探器。

图 7-4 月岩/星岩钻探器的分类

高钻孔的准确性和样品质量,通常需要对钻头和钻杆进行优化设计,并根据地质条件调整钻进参数。通过控制钻进速度、扭矩和压力等参数,可以确保钻孔的垂直度和稳定性,提高取样的可靠性和效率。此外,为了保证样品的代表性,须要对钻孔进行适当的清洗和封孔处理,以防止样品受到污染。

2. 超声波钻探取样技术

超声波钻探器是一种利用高频超声波辐射作用使地外天体表面松动并将其钻孔取样的先进钻探技术。根据钻探器的功能,超声波钻探器可以分为直削式超声波钻探器、冲击式超声波钻探器及回转冲击式超声波钻探器 3 种类型。超声波钻利用换能器的高频振动原理帮助穿透,一般采用压电陶瓷作为超声波振动的发生器,通过内部质量块的相互碰撞将冲击传递到钻头上。这种方法可以将高频振动转化为低频冲击,辅助破岩。然而,如果钻机仅由超声波振动驱动,即使工作时间很长,也只能钻出小而浅的井眼,可与传统钻头集成组成超声波冲击钻头,提高穿透效率和深度。对于需要采集风化层样品的勘探任务,可以通过钻头的孔采集和存储样品。地外超声波钻探技术具有所需钻压小、功率低、可控性强、耐温范围广($-273 \sim 430$℃)等特点,能够获取高质量的地质样本,因此,超声波钻探取样技术被认为是未来行星科学探测任务中的一种不可或缺的关键技术。

3. 仿生钻探取样技术

仿生钻头的设计灵感源于自然界中动物的挖洞策略,这些动物在长期的进化过程中形成了独特的身体结构,使它们能够以高效的能量利用效率进行挖掘。根据不同的动物,例如木蜂、尺蠖、蚯蚓和鼹鼠,科学家设计了多种生物启发的钻头。木蜂式仿生钻探器通过两个往复运动的阀来抵消风化层反作用力,实现间歇穿透,并通过内部刷采集样本。尺蠖式仿生钻探器通过交替锚定头部和尾部,通常与螺旋钻配合使用,以有效排出岩屑。蚯蚓式仿生钻探器模仿蚯蚓收缩和拉长肌肉的运动,在每个沉积物中交替收缩和拉长"肌肉",通过纵向肌肉轴向的收缩和环形肌层径向的受力,实现节段的变粗变短或变细变长,钻头还内部集成了螺旋钻,以提高切割和卸料效率。鼹鼠式仿生钻探器模仿鼹鼠的挖洞方法,使用锤式机构反复撞击风化层,大部分撞击释放的能量被转移到外壳,将前部风化层压缩到周围,从而实现更有效的穿透。除了木蜂式仿生钻探器之外,其他仿生钻探器不需依靠地面底座来施加向下的钻压力,而是通过它们的机制利用与风化层摩擦的方式来控制钻头的反向移动。

除上述钻探技术,常见的月壤/星壤钻探技术还包括以下几类:爆炸式钻探技术,这种技术是将爆炸物埋入月壤/星壤并引爆,产生冲击波使得月壤/星壤形成孔洞,然后在孔洞内部进行采样或观测,以了解行星内部物质组成和结构;激光钻掘技术,这种技术利用激光束对月壤/星壤进行钻掘,通过激光的高能量和密集度可以很快地将行星表面材料蒸发或熔化,形成孔洞;微波组合破岩技术等。这些钻探技术都有其独特的优缺点,需要根据具体的任务和环境做出合适的选择。未来,随着技术的不断发展,笔者相信会有更多更高效、更精确的月壤/星壤钻探技术出现。

7.3.3 月岩/星岩钻探的装备

月岩/星岩钻探是一项重要的科学探索任务,而钻探装备则是完成这项任务的关键。在太空探索中,月球和其他行星的矿物质与地质信息对于人类了解宇宙的形成和演化过程具有重要意义。为了获取这些信息,科学家使用了各种先进的月岩/星岩钻探装备,这些装备能够在极端的环境下进行有效钻探,并将数据传回地球进行分析和研究。在这里,笔者将深入介绍超声波钻探器及仿生钻探器的具体特点和作用,以探寻它们在太空探索中的重要性。

1. 超声波钻探器

超声波钻探器由JPL首次提出,作为一种新型地外天体钻探平台被多国航天局和学者广泛研究。英国Magna Parva公司在欧空局资助下,开展了行星表面超声波钻探器研究,并开发了直削式超声波钻探器,即直接利用变幅杆末端高频、低振幅的简谐振动破碎岩石,但难以获得较高的钻进效率。俄罗斯比斯克超声技术中心开展了模拟月壤采样的超声波钻探器研究,在45W的消耗功率下钻进模拟月壤,最大钻进速度为25mm/min,但未验证钻探器对硬质岩石的钻进效果。英国格拉斯哥大学Harkness等(2012)为提高钻进效率将变幅杆底部布置为径向空腔结构,从而引入扭转振动并实现了更大的钻进深度。此外,为解决小型载体或弱引力环境下钻压力通常较小的问题,JPL提出了一种可搭载在小型巡视机器人上钻压力小于5N的超声波钻探器,换能器底部产生高频率振动并与自由质量块发生碰撞而驱动钻具运动。随后,英国格拉斯哥大学的学者提出了两种具有深孔钻进及取心功能的冲击式超声波钻探器新构型,其利用自身的斜楔结构将样心折断并保存(图7-5)。为改善冲击式超声波钻探器的排屑问题,提高钻探器的钻进效率,学者们将回转运动引入冲击式超声波钻探器中,提出了回转冲击式超声波钻探器的构想。JPL的研究人员分别提出了电机回转同轴式与电机回转平行式试验样机,岩石钻进实验表明,回转冲击式超声波钻探器可提高钻进效率。英国格拉斯哥大学Lucas团队研制了电磁电机驱动的回转超声波钻探器,功耗为30W时可在165s内钻进砂岩17mm。

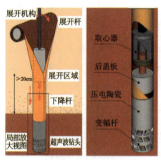
(a) 直削式超声波钻探器

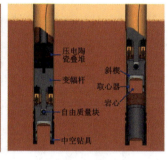
(b) 冲击式超声波钻探器

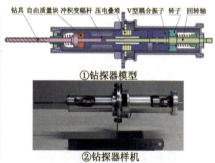
(c) 回转冲击式超声波钻探器

图7-5 地外天体超声波钻探器主要类型

国内学者也针对超声波钻探器开展了相关研究。南京航空航天大学黄卫清、陈超团队研制了超声波钻探器样机,开展了水磨石、红砖、混泥土、月壤的钻进实验。中国地质大学(北京)卜长根利用超声波钻探器开展了红砖钻进实验,结果显示由于发热现象钻头每工作3min需停钻冷却。哈尔滨工业大学邓宗全团队针对冲击式和回转冲击式超声波钻探器开展了大量研究,研制的新型超声波换能器对不同硬度等级的岩石均有良好的钻进效果。随后团队提出了一种利用压电陶瓷叠堆两端的振动能量,分别实现钻具的回转与冲击运动的新型回转冲击式超声波钻探器,但实验显示砂岩的钻进平均速率仅为5mm/min。

2. 仿生钻探器

随着科技的发展及人类对地外天体钻探的深入研究,仿生钻探器成为了未来地外天体勘探的重要工具。它不仅可以适应多样性环境,还能够提高勘探效率,并具有自主感知和判断能力。此外,在地外天体探测过程中,仿生钻探器还具有结构轻巧、能耗低、寿命长等优点,可大大降低勘探成本和风险。

仿生学是一门通过对生物体的观察、研究和模拟,来设计、制造和优化人造物或者改进现有技术的学科,广泛应用于机器人、医疗器械、建筑、交通工具、能源系统等领域。比如洞察号携带的自钻式"鼹鼠",启发来自鼹鼠强壮的前爪和前肢,自钻式"鼹鼠"会不停地伸出前爪抓住土壤或者岩石,并将之推到身体下方,形成一个新的通道,周而复始,最终就形成了一个深入地下的隧道。自钻式"鼹鼠"主要由致动器、制动弹簧、力弹簧、击锤和圆柱凸轮组成,钻探器通过利用压缩力弹簧储存的能量,驱动撞击锤产生冲击力,从而使其向下移动。在穿透过程中,由于重力和钻孔摩擦力的作用,回弹能量会逐渐耗散。这种方法允许钻探器以较低的功率消耗,在相对较长的时间内逐步向下移动并达到深入目标的目的。往复"木蜂"钻探器的启发来自木蜂利用两颗有齿的产卵器之间的往复运动在树内钻孔并产卵,因此科学家设计了一个仿生钻取样器子系统,作为一种钻探器在风化层下取样,以进行生物标志物检测。往复"木蜂"钻探器主要由半锥体钻头、弹簧-加载金属带、金属卷筒、样品收集室、销与曲柄机构、压电电机组成,通过压电电机驱动销与曲柄机构完成一种不需要轴向力的往复钻孔,验证了其可行性并提高了钻井性能。双往复振荡钻探器模拟了鱼的尾鳍,通过尾鳍扑动的幅度和频率来驱动尾鳍进行航行。双往复振荡钻探器主要由执行器、圆柱凸轮、采样机构、线性执行机构、振动杆、楔块、扭转弹簧、样品回收室、齿对钻头组成,通过控制圆柱凸轮的转速,获得所需的钻头往复和振荡频率,钻杆两边的往复运动导致钻头在振动杆接头周围往复和振荡,旋转接头上装有扭转弹簧,以保持与楔形面的完全接触,可通过改变圆柱凸轮和楔形面的斜率角,控制往复和振荡幅度。样品回收室能够收集多达 173.55cm³ 的风化层(图 7-6)。

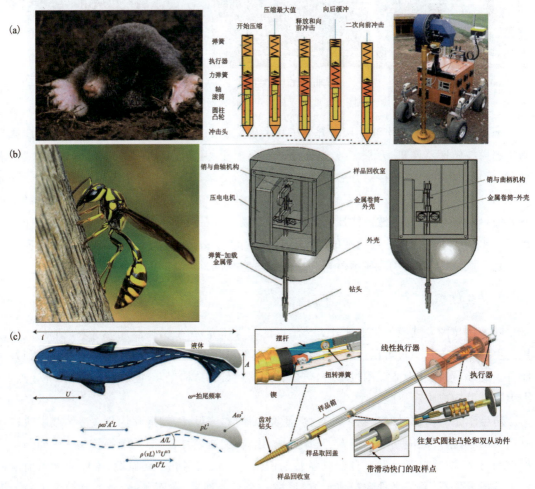

(a)自钻式"鼹鼠"钻探器;(b)往复"木蜂"钻探器;(c)双往复振荡钻机。

图 7-6 地外天体仿生钻探器主要类型

7.4 地外天体钻探壤岩/钻具交互机理

7.4.1 地外天体壤岩结构与性质

地外天体一直是人类探索的重要领域,其中土壤与岩石的成分也备受关注。随着科技的不断发展,越来越多的样本被带回地球进行分析,为我们揭开宇宙的神秘面纱提供了重要线索。在接下来的内容中,笔者将介绍地外天体壤岩的成分及其对于探索宇宙起到的重要作用。

阿波罗11号携带了22kg的月球岩石和土壤样本,其中11kg是直径超过1cm的岩石碎片,11kg是更小的颗粒材料。返回的样本可分为四类:A类,细粒的泡沫晶质火成岩,如图7-7(a)所示;B类,中粒的孔状晶质火成岩,如图7-7(b)所示;C类,角砾岩;D类,细粒。"岩石"一词适用于直径大于100mm的碎片,"细粒"一词适用于直径小于100mm的碎片。样本的成分分析主要是通过在生物屏障内进行的光学光谱测量进行的。月球样本的分析数据如表7-5所示。

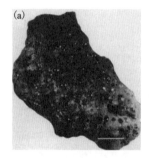

(a) 典型A型结晶岩[样品10022(NASA照片S-69-45209)]　　(b) 典型B型结晶岩[样品10046(NASA照片S-69-45633)]

图 7-7 典型岩样

表 7-5 月球样本的分析数据

氧化物/元素	A 类岩石				B 类岩石				C 类岩石		D类细粒
	样本名称										
	22	72	57	20	17	58	45	50	21	61	37
元素丰度											
$Rb/10^{-6}$	—	6.5	6.0	1.5	6.0	1.6	1.9	0.8	—	3.1	2.2
$Ba/10^{-6}$	100	130	180	50	120	85	115	60	105	90	68
K/%	0.17	0.17	0.15	0.053	0.18	0.09	0.084	0.053	0.12	0.15	0.10
$Sr/10^{-6}$	110	55	230	85	55	190	60	140	150	60	90
Ca/%	6.4	6.8	7.1	7.1	7.1	7.5	7.1	7.1	7.9	7.9	8.6
Na/%	0.30	0.44	0.40	0.44	0.48	0.41	0.38	0.38	0.15	0.37	0.40
Yb/%	7	2	6	2.5	—	5	1.3	2.7	4.5	1.8	2.5

续表 7-5

氧化物/元素	A 类岩石				B 类岩石				C 类岩石		D 类细粒
	样本名称										
	22	72	57	20	17	58	45	50	21	61	37
Y/10^{-6}	230	210	310	185	310	230	100	130	300	115	130
Zr/10^{-6}	1000	850	>2000	980	1250	250	700	700	1500	400	400
Cr/10^{-6}	2800	4700	6500	2100	4600	3700	3500	4800	2500	3000	2500
V/10^{-6}	36	30	40	20	30	32	40	80	22	32	45
Sc/10^{-6}	110	45	110	110	55	130	90	170	68	55	55
Ti/%	6.6	6	7.5	7.2	6.6	5.4	4.8	5.4	5.2	5.4	4.2
Ni/10^{-6}	320	—	25	—	—	—	—	55	215	235	250
Co/10^{-6}	15	12	22	3	10	7	7	10	13	12	18
Cu/10^{-6}	—	5	—	4.5	3	—	6	10	—	8	—
Fe/%	16	13	15.5	14	14.7	13	14	15.5	14.8	12.4	12.4
Mn/10^{-6}	2000	2800	3800	2460	2700	4300	2100	3900	1700	2400	1750
Mg/%	3.9	4.8	5.7	4.8	5.1	3.9	4.2	6.0	4.5	5.4	4.8
Li/10^{-6}	11.5	14	22	15	25	19	15	10.5	—	12.5	15
Ga/10^{-6}	—	—	—	5	—	—	4	8	—	—	—
Al/%	4.1	4.8	5.8	5.8	5.3	6.9	6.9	5.8	5.8	5.8	6.9
Si/%	20	21	16.8	17.8	18.7	20	19.6	17.8	20	18.7	20
以百分氧化物表示的丰度											
SiO_2/%	43	45	36	38	40	43	42	38	43	40	43
Al_2O_3/%	7.7	9	11	11	10	13	13	11	11	12	13
TiO_2/%	11	10	12.5	12	11	9	8	9	8.6	10	7
FeO/%	21	17	20	18	19	17	18	20	19	16	16
MgO/%	6.5	8	9.5	8	8.5	6.5	7	10	7.4	9	8
CaO/%	9.0	9.5	10	10	10	10.5	10	10	11	11	12
Na_2O/%	0.40	0.60	0.54	0.59	0.65	0.56	0.51	0.51	0.2	0.48	0.54
K_2O/%	0.21	0.20	0.18	0.064	0.22	0.11	0.10	0.064	0.15	0.17	0.12
MnO/%	0.26	0.36	0.49	0.32	0.35	0.55	0.27	0.50	0.22	0.41	0.23
Cr_2O_3/%	0.41	0.69	0.95	0.31	0.67	0.54	0.51	0.70	0.37	0.69	0.37
ZrO_2/%	0.14	0.11	>0.27	0.13	0.19	0.03	0.095	0.095	0.20	0.04	0.05
NiO/%	0.04	—	—	—	—	—	—	0.007	0.03	0.04	0.03
总计/%	99.0	110.5	101.4	97.8	100.5	100.8	99.5	99.9	99.8	99.8	100.3

表 7-6 给出了火星地壳、土壤和尘埃的平均成分,最后两列为迄今为止在火星土壤中发现的最大氧化物/元素成分以及地点。

表 7-6 火星地壳、土壤和尘埃的平均成分

氧化物/元素	平均火星地壳/%	平均火星土壤/%	平均火星尘埃/%	最大量(来自火星探测漫游车地面任务)	
				最大量/%	位置
SiO_2	49.3	46.52±0.57	44.84±0.52	90.53	Kenosha Comets, Gusev crater
TiO_2	0.98	0.87±0.15	0.92±0.08	1.90	Doubloon, Gusev crater
Al_2O_3	10.5	10.46±0.71	9.32±0.18	12.34	Cliffhanger, Gusev crater
FeO	18.2	12.18±0.57	7.28±0.70	4.41	Paso Robles, Gusev crater
Fe_2O_3	—	4.20±0.54	10.42±0.11	18.42	
MnO	0.36	0.33±0.02	0.33±0.02	0.36	The Boroughs, Gusev crater
MgO	9.06	8.93±0.45	7.89±0.32	16.46	Eileen Dean, Gusev crater
CaO	6.92	6.27±0.23	6.34±0.20	9.02	Tyrone, Gusev crater
Na_2O	2.97	3.02±0.37	2.56±0.33	3.60	Cliffhanger, Gusev crater
K_2O	0.45	0.41±0.03	0.18±0.07	0.84	Bear Island, Gusev crater
P_2O_5	0.90	0.83±0.23	0.92±0.09	5.61	Paso Robles, Gusev crater
Cr_2O_3	0.26	0.36±0.08	0.32±0.04	0.51	Tyrone, Gusev crater
Cl	—	0.61±0.08	0.83±0.05	1.88	Eileen Dean, Gusev crater
SO_3	—	4.90±0.74	7.42±0.13	35.06	Arad, Gusev crater
元素				μg/g	—
Ni	337	544±159	552±85	997	El Dorado, Gusev crater
Zn	320	204±71	404±32	1078	Eileen Dean, Gusev crater
Br	—	49±12	28±22	494	Paso Robles, Gusev crater

7.4.2 钻探工具与壤岩作用机理

研究切削碎岩机理对创新设计钻探器和提高破岩效率意义重大。已有较多学者针对岩石的正交普通切削理论开展了研究。美国匹兹堡大学 Zhou 和 Lin(2013)研究了岩石切削临界失效转变深度,分析了岩石切削破坏模式与深度的关系。英国诺森比亚大学 Aresh(2012)研究了岩石切削材料去除机理,通过研究切削力及推力与比切削能及切屑去除过程的关系,建立了材料去除过程的模型。美国西北大学 Che 等(2016)提出了岩石切削过程的破碎与剥离失效模式,并提出了考虑两种模式的岩石正交切削模型。西南石油大学 Liu 和 Zhu(2019)研究了岩石正交切削过程切削力响应及切屑形成过程,基于离散元模拟与正交切削实验研究了切削齿在不同切削深度、切削速度和刀具前角下的力响应及切屑形成。中国石油大学

Cheng 等(2019)基于高速相机观察了岩石正交切削过程裂纹生成过程,发现主裂纹的形状以弯曲为主。上海交通大学 Ou yang 等(2020)提出了一种适用于凿岩机切削的解析模型——破碎区膨胀诱导拉伸破坏模型,实现了岩石切削力的预测(图 7-8)。华侨大学 Huang 等(2018)长期从事硬脆岩石切削理论研究,在岩石与工具交互机理和细观模拟方面取得大量成果。此外,广东工业大学王成勇、天津大学蔡宗熙、河南理工大学王树仁、中国矿业大学杜长龙、中国地质大学(北京)周琴等在岩石力学与岩石切削损伤、能量耗散、数值模拟方面均开展了大量工作。

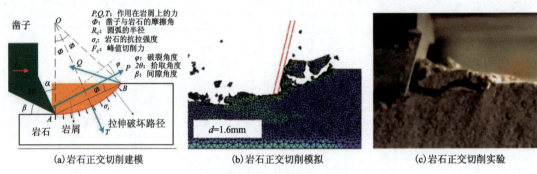

图 7-8 岩石正交切削机理研究

印度学者 Bagde(2009)研究了动态载荷下岩石疲劳与能量行为,分析了岩石的动态疲劳强度、动态轴向刚度和动态模量与岩石所受的载荷频率及载荷幅值的关系。中南大学 Li 等(2008)对动静组合加载条件下岩石的碎岩机理及力学特性进行了研究。但以上研究的加载试验系统仅可实现低应变率循环加载。吉林大学赵大军等(2017)针对超声波振动过程岩石疲劳与断裂理论开展了研究:他们基于数值模拟提出了超声波振动下岩石裂纹扩展的三阶段演化特征,将微观裂纹萌生到宏观裂纹过程分阶段进行了描述;随后通过红外试验发现岩石在超声波振动过程中存在明显的温度效应,得出岩石在超声波振动作用下的损伤是由超声波振动导致的疲劳损伤和温度升高诱导的热损伤共同引起的结论;并通过电镜扫描实验分析了超声波振动过程中微裂纹的萌生、扩展特性,发现针对石英这种矿物组分而言,主要生成的裂纹是晶内裂纹、穿晶裂纹和晶界裂纹,呈现脆性破裂模式。

这里主要介绍钻具破碎岩石过程分析、模拟岩石撞击时的切割断裂特征分析、钻杆和壤之间的相互作用状态分析。

1. 钻具破碎岩石过程分析

岩石作为一种存在较强的非线性及各向异性的矿物集合,其内部结构存在微裂纹、断裂、孔洞等,在钻探工具的循环载荷作用下,岩石的内部缺陷累计、扩张,最终造成岩石疲劳失效,从而完成岩石的破坏。根据岩石断裂力学理论可知,岩石在动静复合载荷下的作用关系如图 7-9 所示。

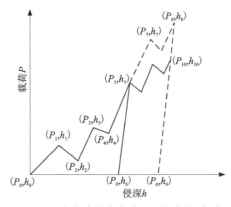

图 7-9 动态冲击载荷作用下的侵深曲线

图 7-9 中实线为静压载荷作用时岩石的载荷—侵深曲线,虚线为周期性冲击作用时岩石的载荷—侵深曲线。

载荷—侵深曲线的斜率表示为

$$k_i = \frac{P_{i+1} - P_i}{h_{i+1} - h_i} \tag{7-1}$$

式中:P_i 为载荷—侵深曲线 i 端的载荷,单位为 Pa;P_{i+1} 为载荷—侵深曲线 $i+1$ 端的载荷,单位为 Pa;h_i 为载荷—侵深曲线 i 端的侵入深度,单位为 m;h_{i+1} 为载荷—侵深曲线 $i+1$ 端的侵入深度,单位为 m。

根据岩石损伤力学的原理,当岩石受到周期性循环载荷作用时,逐渐累积损伤,最终导致疲劳破坏。动态循环载荷会引起岩石性能的退化,从而加速损伤的累积,使得岩石的静压载荷强度降低。当岩石的损伤达到一定的疲劳阈值时,就会出现疲劳破坏现象。钻探器的冲击载荷会引起岩石内部微裂纹的出现,并随着周期性循环载荷的作用逐渐扩展、生长和相互贯通。

2. 模拟岩石撞击时的切割断裂特征分析

在经历撞击后,岩石模拟物被观察到形成了 2 个破裂坑。当切割刀片继续作用时,这些岩石模拟物会沿着之前由冲击载荷形成的断裂面继续断裂。为了更方便地分析应力情况,将刀片与未切割面相交处的冲击破裂坑视为一个平面,从而得出起点和终点。在冲击和切割耦合的情况下,观察到切割叶片前方出现了 3 个区域:$OAGF$ 是由冲击形成的致密断裂区,$ABCD$ 是由冲击形成的碎片区域,BEC 是由切割形成的断裂区域(图 7-10)。其中 α 为刀具前倾角;v_{Cut} 为刀具切割速度;F_σ 为岩石主应力;F_τ 为岩石剪切应力;F_R 为作用在切割叶片上的合力;F_{Per} 为切割刀片和穿透深度对岩石的载荷;λ_c 为冲击破碎碎片与切割方向夹角;λ_{sh} 为剪切断裂角;φ_b 为切削刃与密心间的摩擦角;φ_c 为冲击破碎块体与母岩的摩擦角;q_0 为应力常数;F_{Cut_cra} 为冲击断裂坑形成后完成第一个切削循环所需的切削力;F_{Pen_cra} 为冲击断裂坑形成后完成第一次切割循环所需的切割压力。

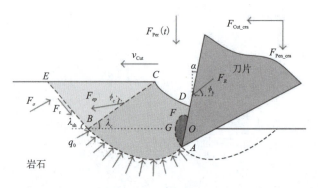

图 7-10　撞击与切削耦合作用下岩石模拟元素刃断裂的应力分析

3. 钻杆和壤之间的相互作用状态分析

钻杆和壤之间的相互作用是一个复杂的过程,取决于多个因素,如钻杆的形状、尺寸、材料、旋转速度等,以及壤的物理性质,如密度、黏度、孔隙度等。在钻探过程中,钻杆会施加压力和剪切力到壤上,同时,壤也会对钻杆施加反作用力和抗剪力。

假设壤的失效满足莫尔—库伦破坏准则,成分均一、各向同性且忽略壤的惯性力。在进行月球钻探任务时,我们需要研究一定深度下的月壤微元与螺旋钻杆之间的相互作用。当螺旋钻杆在钻进过程中与月壤接触时,会产生阻碍钻杆回转的阻力矩,该阻力矩由 3 部分组成。第一部分是月壤自重 dN'_2 和对螺旋面产生的阻力 df'_2;第二部分是螺旋槽底面受到的压力 dN_5 与月壤微元产生的摩擦阻力 df_5;第三部分是钻杆螺旋外端面受到的压力 dN_4 产生的摩擦阻力 df_4,如图 7-11(b)所示。

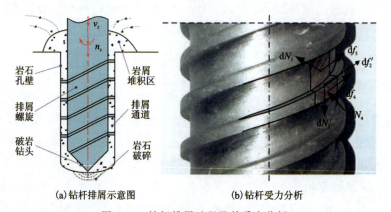

(a) 钻杆排屑示意图　　　(b) 钻杆受力分析

图 7-11　钻杆排屑过程及其受力分析

7.4.3　地外天体壤岩和工具交互的影响因素

地外天体壤岩和工具交互的影响因素是提高钻探工具效率的必要考虑之一。通过综合考虑交互的影响因素,可以进一步优化钻掘过程和样本分析技术,从而更好地开展太空探索任务。地外天体壤岩和工具交互的影响因素主要归纳为 4 点。

1. 地外天体的物理特性

地外天体壤岩是指地外天体表面的堆积物质,包括尘埃、沙砾和岩石碎片等。其性质对地外天体壤岩和工具交互有着重要影响,主要体现:①坚硬程度。地外天体壤岩的坚硬程度会影响钻头的切削效率和使用寿命。例如地外天体壤岩较为坚硬,需要采用更强力的钻头才能有效地取样;同时,也会使得钻头更容易磨损和损坏。②成分组成。地外天体壤岩的成分组成会影响取样后的分析结果。因此,在进行钻探前需要对地外天体壤岩的成分进行初步分析,以确定合适的采样和分析方法。③紧密程度。地外天体壤岩的紧密程度会影响钻探的穿透深度和采样效果。例如地外天体壤岩比较松散,钻头会较容易穿透并取得有效的采样;但如果地外天体壤岩比较紧密,钻头则需要更大的力量和更长的时间才能钻入并取样。④黏附性。地外天体壤岩的黏附性会影响钻头和取样设备的运作。例如地外天体壤岩较为黏附,会导致钻头容易卡住或者采样设备无法顺利运行。

2. 钻探工具的设计和性能

优化钻探工具的设计和性能,继而提高钻头与壤岩之间的摩擦力和剪切力将极大地影响钻探速度及效率。因此,钻探工具需要具有足够的强度和硬度,以承受高强度的应力和磨损。除了钻头的形状、材质、大小等,还需考虑整个钻探单元的功率、转速、扭矩等参数。一些特殊的钻探器,如超声波钻探器,则还需要考虑冲击频率、振幅等参数。不同的设计和性能将会对不同类型的地外天体壤岩产生不同的效果。考虑到地外天体环境的特殊性质,如低温、高辐射、低压等,钻探工具还需要考虑耐久性和适应性等方面的因素。例如在火星上进行钻探时,需要特别设计保护层来防止辐射和其他环境因素对工具及样品的影响。

3. 环境因素

如 7.1.3 地外天体钻探面临的挑战中所提及的低/零重力、极端温度、大气压力、地质不确定性等因素将极大地影响到工具和天体壤岩的交互。地外天体的昼夜温差大,将影响到钻探器的稳定性和耐久性,甚至可能导致机械零件的失效;低/零重力环境下,钻探器钻压力是需要考虑的重要因素,可通过其他方式来提供钻进力或改变钻探技术解决此问题;在低压或真空条件下,钻探器的散热将成为重点考虑因素,因此,在进行钻探作业前,需要对设备进行特殊处理和调整,若采用液压或气压技术实现钻探取样,则需要使用特制的密封件和阀门,以避免气/液体泄漏和污染;地质不确定性条件下,钻探器则可选择合适的钻探技术或多种钻探技术混合,例如挖掘钻探复合钻与激光超声复合等技术,同时还需采用高精度的测量仪器和数据分析技术,准确地获取岩石的物理特性和环境参数,并及时调整钻探设备的操作方式和参数设置,以适应不同地质结构的要求。

4. 操作者的技能水平和经验

操作者的技能水平和经验也将会影响到工具和地外天体壤岩的交互。例如美国先后6次完成将人类送入月球同时开展人工钻探获取月壤的工作,经验丰富的操作者可能更容易掌握正确的使用方法,从而达到更好的操作效果。

7.5 地外天体钻探技术与应用

7.5.1 地外天体钻探技术应用

地外天体钻探技术应用广泛,包括火星、月球、彗星、外行星和小行星等天体。通过钻探技术获取这些地外天体的地下水、岩层结构、成分和内部构造信息,可以促进人类对宇宙的认知,深入研究宇宙的起源和演化过程,甚至有可能发现生命之迹和珍贵资源。7.2.3介绍了用于从最近的月球到太阳系最远的行星的地外钻探设备,可发现地外天体钻探技术应用主要为挖掘或抓取采样技术、弹射取样技术、螺旋钻探取样技术、仿生钻探取样技术等。未来,随着技术的不断发展,地外天体钻探技术将继续发挥重要作用,为人类探索宇宙开辟新的道路。

7.5.2 地外天体钻探的应用前景与发展趋势

对比地外天体钻探的技术与装备可知,目前针对不同类型的钻探技术与装备,在理论分析、样机研制和实验验证方面均累积了一定的基础,尤其是已用于地外天体的钻探技术。笔者针对地外天体钻探装备的研究与应用,提出以下展望与建议。

(1)依据不同的钻探任务选择合适的钻探器。由于钻探对象或钻探深度等的不同,选择合适的钻探技术,其钻探效率将得到极大提升。针对月壤/火壤的取样,可采用挖掘/抓取采样技术,完成大范围、大量采样。针对高硬度月岩/火岩的深度取样,选择效率高于岩石磨削技术和挖掘/抓取采样技术的超声波钻探取样技术和仿生钻探取样技术。

(2)提高钻探效率的同时优化钻探器的结构设计。受发射成本与探测器体积制约,采样系统须尽可能减小质量、降低功耗、优化布局。目前,钻探装备的回转式运动多采用电磁电机激励产生,这增加了钻探器的质量和结构的复杂程度。为进一步优化钻探器的结构,着重研究由压电陶瓷或由液压等结构驱动的回转冲击式运动,并探究各种地外天体壤岩和工具交互的影响因素,提高其钻进效率。

(3)探测车可搭载多种钻探设备。例如凤凰号探测器与好奇号火星车搭载钻探和挖掘设备,实现钻孔、铲土、除尘、筛分等多个钻探任务。同时在收集和分析风化层样本之前,对目标天体的许多特征还没有充分了解,为实现坚硬岩石的穿透,可搭载激光超声复合钻探设备,利用激光束对岩石或土壤进行加热,这种高温可以改变岩石或土壤的结构和形态,从而影响其力学性质和其他物理特性,再利用超声设备完成硬岩的钻探。

(4)构建钻探器的空间环境自适应控制方法。钻探器能够根据不同的空间环境条件进行相应的调整和控制,以确保钻探任务的高效完成。在进行钻探任务前,需要对目标区域的空间环境参数进行测量和分析,包括气压、温度、辐射等。根据测量到的空间环境参数,设计一个自适应控制系统,该系统可以自动调整钻探器的运行参数,如速度、转向、深度、频率、振幅等。同时系统具备智能化的功能,可以通过传感器实时监测环境参数,并做出相应的控制决策。

主要参考文献

毕亚兰,2016.新型超声钻的动力特性研究[D].太原:太原理工大学.
陈晨,2012.热熔岩与热融冰技术[M].北京:科学出版社.
陈晨,张祖培,1998.冰层电缆热熔法取芯钻进[J].长春科技大学学报,28(2):171-175.
陈晨,张祖培,刘宝林,等,2001.热熔钻进过程中温度在土体中传递规律的研究[J].岩土钻掘工程(增刊):172-174.
郭俊杰,2008.新型超声波钻探器的研究[D].南京:南京航空航天大学.
韩彬,李美艳,李璐,等,2014.激光辅助破岩可钻性评价[J].石油天然气学报,36(9):94-97.
黄家根,汪海阁,纪国栋,等,2018.超声波高频旋冲钻井技术破岩机理研究[J].石油钻探技术,46(4):23-29.
李晓辉,2019.单相三电平整流器模型预测功率控制[D].徐州:中国矿业大学.
梁彩红,2015.联接方式对太空超声取样钻性能影响的研究[D].北京:中国地质大学(北京).
卢春华,吴翔,王强,2012.热熔法井壁加固技术研究[J].地质与勘探,48(5):1034-1038.
孟庆荣,2018.旋转超声复合低频振动钻孔设备的研究[D].天津:河北工业大学.
全齐全,2007.月球车车轮与土壤作用的力学特性测试系统的研制与实验[D].哈尔滨:哈尔滨工业大学.
孙龙,2014.潜孔锤及声波钻柔体振动冲击的理论与建模[D].北京:中国地质大学(北京).
孙瑞民,吴来杰,汤凤林,等,2005.关于热熔钻进工艺的试验研究[J].地质科技情,24(7):23-26.
孙梓航,2017.超声波振动频率对花岗岩破碎规律影响的研究[D].长春:吉林大学.
汤凤林,КУДРЯЩОВ Б Б,1999.俄罗斯南极冰上钻探技术[J].地质科技情报(S1):4-7.
汤凤林,КУДРЯЩОВ Б Б,2000.热熔钻进方法及其在工程施工中的应用[J].地质科技情报,19(2):64-66.
田仲喜,2018.超声波激励岩石破碎影响因素实验研究[D].徐州:中国矿业大学.
汪洋,2017.超声波激励下岩石的物理力学特征试验研究[D].徐州:中国矿业大学.
王选琳,2019.超声波激励下岩石裂隙扩展规律实验研究[D].徐州:中国矿业大学.
文杰,2019.超声波激励与机械冲击复合破岩机理研究[D].徐州:中国矿业大学.

吴来杰,2006.热熔钻进实验数据采集系统的研制与应用[D].武汉:中国地质大学(武汉).

杨玲芝,文国军,王玉丹,等,2016.激光破碎煤岩作用过程理论分析与实验研究[J].煤田地质与勘探,44(5):168-172.

杨玲芝,文国军,王玉丹,等,2016.激光钻井技术在煤层气定向钻进中的应用探讨[J].煤炭科学技术,44(11):127-131.

杨正,2020.单晶压电陶瓷驱动的超声波钻设计及实验研究[D].哈尔滨:哈尔滨工业大学.

叶成明,李小杰,刘迎娟,2007.浅析声波钻进技术[J].勘察科学技术(5):29-31.

尹崧宇,2017.超声波振动下花岗岩裂纹变化特性的研究[D].长春:吉林大学.

袁鹏,2020.基于细观损伤的超声波多参数振动下花岗岩破碎规律研究[D].长春:吉林大学.

翟国兵,2016.压力对超声波振动碎岩效果影响规律的研究[D].长春:吉林大学.

张书磊,2019.超声波振动作用下花岗岩内部裂纹变化规律的理论与试验研究[D].长春:吉林大学.

张祖培,殷琨,蒋荣庆,等,2003.岩土钻掘工程新技术[M].北京:地质出版社.

赵大军,周宇,尹崧宇,等,2017.超声波振动花岗岩破碎机理初探[C]//第十九届全国探矿工程(岩土钻掘工程)学术交流年会论文集:47-52.

周宇,2020.超声波振动作用下花岗岩疲劳损伤特性的试验及细观模拟研究[D].长春:吉林大学.

ARESH B,2012. Fundamental study into the mechanics of material removal in rock cutting[M]. United Kingdom:University of Northumbria at Newcastle.

BAGDE M N,PETROS V,2009. Fatigue and dynamic energy behaviour of rock subjected to cyclical loading[J]. International Journal of Rock Mechanics and Mining Sciences,46(1):200-209.

BAI G,SUN Q,JIA H,et al.,2021. Variations in fracture toughness of SCB granite influenced by microwave heating[J]. Engineering Fracture Mechanics,258:108048.

BOWDEN F P,TABOR D,1954. The Friction and Lubrication of Solid[M]. Oxford:Oxford University Press.

CHE D,ZHU W L,EHMANN K F,2016. Chipping and crushing mechanisms in orthogonal rock cutting[J]. International Journal of Mechanical Sciences,119:224-236.

CHENG Z,SHENG M,LI G,et al.,2019. Cracks imaging in linear cutting tests with a PDC cutter:Characteristics and development sequence of cracks in the rock[J]. Journal of Petroleum Science and Engineering,179:1151-1158.

DENG H,YANG B,GAO Y,et al.,2023. Mechanical weakening behavior and energy evolution characteristics of shale with different bedding angles after microwave irradiation[J]. Gas Science and Engineering,119:205141.

DENNIS D, 2003. High-powered laser temperature effects on rock properties[J]. Journal of Petroleum Technology,55(5):51-52.

GAO M Z,YANG B G,XIE J,et al. ,2022. The mechanism of microwave rock breaking and it's potential application to rock-breaking technology in drilling[J]. Petroleum Science, 19(3):1110-1124.

GE Z,SUN Q,XUE L,et al. ,2021. The influence of microwave treatment on the mode I fracture toughness of granite[J]. Engineering Fracture Mechanics,249:107768.

GRAVES R M, O'BRIEN D G, 1999. Star wars laser technology for drilling and completing gas wells[J]. Journal of Petroleum Technology,51(2):50-51.

GUO C, SUN Y, YUE H,et al. , 2022. Experimental research on laser thermal rock breaking and optimization of the process parameters[J]. International Journal of Rock Mechanics and Mining Sciences(160):105251.

HARKNESS P, LUCAS M, CARDONI A, 2012. Coupling and degenerating modes in longitudinal-torsional step horns[J]. Ultrasonics,52(8):980-988.

HASSANI F, NEKOOVAGHT P, 2011. The development of microwave assisted machineries to break hard rocks[C]//Proceedings of the 28th international symposium on automation and robotics in construction,Seoul,South Korea:678-684.

HERIYADI B,NATA R A,TANJUNG A A,et al. ,2023. The impact of microwave treatment on the andesite rock mechanical properties[J]. Journal of Physics: Conference Series,2582(1):012023.

HUANG G,ZHANG M,HUANG H,et al. ,2018. Estimation of power consumption in the circular sawing of stone based on tangential force distribution[J]. Rock Mechanics and Rock Engineering,51:1249-1261.

JERBY E, DIKHTYAR V, 2006. Drilling Into Hard Non-Conductive Materials by Localized Microwave Radiation[J]. Advances in Microwave and Radio Frequency Processing: 687-694.

JERBY E, NEROVNY Y, MEIR Y, et al. , 2018. A Silent Microwave Drill for Deep Holes in Concrete[J]. IEEE Transactions on Microwave Theory and Techniques,66(1):522-529.

JI Z,SHI H,LI G,et al. ,2020. Improved drifting oscillator model for dynamical bit-rock interaction in percussive drilling under high-temperature condition[J]. Journal of Petroleum Science and Engineering,186:106772.

LAN W,WANG H,ZHANG X,et al. ,2020. Investigation on the mechanism of micro-cracks generated by microwave heating in coal and rock[J]. Energy,206:118211.

LI Q,LI X,YIN T,2021. Effect of microwave heating on fracture behavior of granite: An experimental investigation[J]. Engineering Fracture Mechanics,250:107758.

LI X,HARKNESS P,WORRALL K,et al. ,2016. A parametric study for the design of an optimized ultrasonic percussive planetary drill tool[J]. IEEE Transactions on Ultrasonics, Ferroelectrics,and Frequency Control,64(3):577-589.

LI X,ZHOU Z,LOK T S,et al. ,2008. Innovative testing technique of rock subjected to coupled static and dynamic loads[J]. International Journal of Rock Mechanics and Mining Sciences,45(5):739-748.

LIKE Q,JUN D,PENGFEI T,2015. Study on the effect of microwave irradiation on rock strength[J]. Journal of Engineering Science and Technology Review,8(4):91-96.

LIU W,ZHU X,2019. Experimental study of the force response and chip formation in rock cutting[J]. Arabian Journal of Geosciences,12(15):457.

LOHARKAR P K,INGLE A,JHAVAR S,2019. Parametric review of microwave-based materials processing and its applications[J]. Journal of Materials Research and Technology,8(3):3306-3326.

LU G M,FENG X T,LI Y H,et al. ,2019. The Microwave-Induced Fracturing of Hard Rock[J]. Rock Mechanics and Rock Engineering,52(9):3017-3032.

MEISELS R, TOIFL M, HARTLIEB P, et al. , 2015. Microwave propagation and absorption and its thermo-mechanical consequences in heterogeneous rocks[J]. International Journal of Mineral Processing,135:40-51.

NDEDA R,SEBUSANG S E M,MARUMO R,et al. ,2022. Review of thermal surface drilling technologies[C]//Proceedings of the Sustainable Research and Innovation Conference: 61-69.

OSEPCHUK J M,2010. The magnetron and the microwave oven:A unique and lasting relationship[C]//2010 International Conference on the Origins and Evolution of the Cavity Magnetron. IEEE.

OUYANG Y,YANG Q,CHEN X,et al. ,2020. An analytical model for rock cutting with a chisel pick of the cutter suction dredger [J]. Journal of Marine Science and Engineering,8(10):806.

SATISH H, OUELLET J, RAGHAVAN V, et al. , 2006. Investigating microwave assisted rock breakage for possible space mining applications[J]. Mining Technology,115(1):34-40.

SONG H, SHI H, JI Z, et al. , 2019. The percussive process and energy transfer efficiency of percussive drilling with consideration of rock damage[J]. International Journal of Rock Mechanics and Mining Sciences,119:1-12.

TEIMOORI K,HASSANI F,SASMITO A,et al. ,2019. Experimental investigations of microwave effects on rock breakage using SEM analysis [C]//AMPERE, 2019. 17th International Conference on Microwave and High Frequency Heating. Editorial Universitat

Politecnica de Valencia:1-8.

WANG H,HUANG H,BI W,et al.,2022. Deep and ultra-deep oil and gas well drilling technologies:Progress and prospect[J]. Natural Gas Industry B,9(2):141-157.

WANG W, LIU G, LI J, et al., 2021. Numerical simulation study on rock-breaking process and mechanism of compound impact drilling[J]. Energy Reports,7:3137-3148.

YANG C,HASSANI F,ZHOU K,et al.,2022. SPH-FEM simulations of microwave-treated basalt strength[J]. Transactions of Nonferrous Metals Society of China,32(6):2003-2018.

YANG X, ZHOU X, ZHU H, et al., 2020. Experimental investigation on hard rock breaking with fiber laser: surface failure characteristics and perforating mechanism[J]. Advances in Civil Engineering(1):1-12.

YIN S,ZHAO D,ZHAI G,2016. Investigation into the characteristics of rock damage caused by ultrasonic vibration[J]. International Journal of Rock Mechanics and Mining Sciences,84:159-164.

ZHANG X, ZHANG S, LUO Y, et al., 2019. Experimental study and analysis on a fluidic hammer: An innovative rotary-percussion drilling tool[J]. Journal of Petroleum Science and Engineering,173:362-370.

ZHAO D,ZHANG S,WANG M,2019. Microcrack growth properties of granite under ultrasonic high-frequency excitation[J]. Advances in Civil Engineering,2019(1):3069029.

ZHAO D, ZHANG S, ZHAO Y, et al., 2019. Experimental study on damage characteristics of granite under ultrasonic vibration load based on infrared thermography[J]. Environmental Earth Sciences,78:1-12.

ZHAO Q H,ZHAO X B,ZHENG Y L,et al.,2020. Heating characteristics of igneous rock-forming minerals under microwave irradiation[J]. International Journal of Rock Mechanics and Mining Sciences,135:104519.

ZHENG Y L,ZHANG Q B,ZHAO J,2017. Effect of microwave treatment on thermal and ultrasonic properties of gabbro[J]. Applied Thermal Engineering,127:359-369.

ZHOU Y,LIN J S,2013. On the critical failure mode transition depth for rock cutting[J]. International Journal of Rock Mechanics and Mining Sciences,62:131-137.

ZOU C,QUAN X,MA Z,et al.,2023. Dynamic Strength and Indentation Hardness of a Hard Rock Treated by Microwave and the Influence on Excavation Rate[J]. Rock Mechanics and Rock Engineering,56(6):4535-4555.